中国农业标准经典收藏系列

中国农业行业标准汇编

（2019）

水产分册

农业标准出版分社　编

中国农业出版社

北　京

主　　编：刘　伟

副主编：冀　刚

编写人员（按姓氏笔画排序）：

刘　伟　杨桂华　杨晓改

廖　宁　冀　刚

出 版 说 明

自 2010 年以来，农业标准出版分社陆续推出了《中国农业标准经典收藏系列》，将 2004—2016 年由我社出版的 3 900 多项标准汇编成册，得到了广大读者的一致好评。无论从阅读方式还是从参考使用上，都给读者带来了很大方便。为了加大农业标准的宣贯力度，扩大标准汇编本的影响，满足和方便读者的需要，我们在总结以往出版经验的基础上策划了《中国农业行业标准汇编（2019）》。

本次汇编对 2017 年出版的 211 项农业标准进行了专业细分与组合，根据专业不同分为种植业、畜牧兽医、植保、农机、综合和水产 6 个分册。

本书收录了繁育养殖技术规范、渔具技术要求、鱼病诊断技术、水产品加工技术规范等方面的水产行业标准和农业行业标准 36 项。并在书后附有 2017 年发布的 5 个标准公告供参考。

特别声明：

1. 汇编本着尊重原著的原则，除明显差错外，对标准中所涉及的有关量、符号、单位和编写体例均未做统一改动。

2. 从印制工艺的角度考虑，原标准中的彩色部分在此只给出黑白图片。

3. 本辑所收录的个别标准，由于专业交叉特性，故同时归于不同分册当中。

本书可供农业生产人员、标准管理干部和科研人员使用，也可供有关农业院校师生参考。

农业标准出版分社

2018 年 11 月

目　　录

附录

ICS 67.120.30
B 51

中华人民共和国农业行业标准

NY/T 1329—2017
代替 NY/T 1329—2007

绿色食品　海水贝

Green food—Marine shellfish

2017-06-12 发布

2017-10-01 实施

中华人民共和国农业部 发布

前　言

本标准按照GB/T 1.1—2009给出的规则起草。

本标准代替NY/T 1329—2007《绿色食品　海水贝》。与NY/T 1329—2007相比,除编辑性修改外主要技术变化如下:

——增加了术语和定义;

——增加了生产过程要求;

——增加了甲醛、铬、苯并(a)芘和N-二甲基亚硝胺污染物项目及其指标值;

——增加了孔雀石绿和阿苯达唑渔药残留项目及其指标值;

——删除了腹泻性贝类毒素(DSP),增加了记忆丧失性贝类毒素(ASP)项目及其指标值;

——增加了菌落总数、金黄色葡萄球菌微生物项目及其指标值。

本标准由农业部农产品质量安全监管局提出。

本标准由中国绿色食品发展中心归口。

本标准起草单位:农业部乳品质量监督检验测试中心、唐山市畜牧水产品质量监测中心、象山南方水产食品有限公司。

本标准主要起草人:马文宏、张建民、闫磊、李爱军、叶维灯、戴洋洋、金一尘、周鑫、齐彪、高文瑞、朱洁、蒙君丽、刘洋、李婧。

本标准所代替标准的历次版本发布情况为:

——NY/T 1329—2007。

绿色食品 海水贝

1 范围

本标准规定了绿色食品海水贝的术语和定义、要求、检验规则、标签、包装、运输和储存。

本标准适用于鲍鱼、泥蚶、毛蚶(赤贝)、魁蚶、贻贝、红螺、香螺、玉螺、泥螺、栉孔扇贝、海湾扇贝、牡蛎、文蛤、杂色蛤、青柳蛤、大竹蛏、缢蛏等海水贝类的鲜、活品;鲍鱼、蚶肉、贻贝肉、螺肉、扇贝肉、扇贝柱、牡蛎肉、蛤肉、蛏肉等海水贝类肉的生制和熟制冻品。

2 规范性引用文件

下列文件对于本文件的应用是必不可少的。凡是注日期的引用文件,仅注日期的版本适用于本文件。凡是不注日期的引用文件,其最新版本(包括所有的修改单)适用于本文件。

GB/T 191 包装储运图示标志

GB 4789.2 食品安全国家标准 食品微生物学检验 菌落总数测定

GB 4789.3 食品安全国家标准 食品微生物学检验 大肠菌群计数

GB 4789.4 食品安全国家标准 食品微生物学检验 沙门氏菌检验

GB 4789.6 食品安全国家标准 食品微生物学检验 致泻大肠埃希氏菌检验

GB 4789.7 食品安全国家标准 食品微生物学检验 副溶血性弧菌检验

GB 4789.10—2016 食品安全国家标准 食品微生物学检验 金黄色葡萄球菌检验

GB 5009.11 食品安全国家标准 食品中总砷及无机砷的测定

GB 5009.12 食品安全国家标准 食品中铅的测定

GB 5009.15 食品安全国家标准 食品中镉的测定

GB 5009.17 食品安全国家标准 食品中总汞及有机汞的测定

GB 5009.26 食品安全国家标准 食品中N-亚硝胺类化合物的测定

GB 5009.27 食品安全国家标准 食品中苯并(a)芘的测定

GB 5009.123 食品安全国家标准 食品中铬的测定

GB 5009.190 食品安全国家标准 食品中指示性多氯联苯含量的测定

GB 5009.198 食品安全国家标准 贝类中失忆性贝类毒素的测定

GB 5009.213 食品安全国家标准 贝类中麻痹性贝类毒素的测定

GB 5009.228 食品安全国家标准 食品中挥发性盐基氮的测定

GB 7718 食品安全国家标准 预包装食品标签通则

GB 17378.6 海洋监测规范 第6部分:生物体分析

GB/T 19857 水产品中孔雀石绿和结晶紫残留量的测定

GB/T 20752 猪肉、牛肉、鸡肉、猪肝和水产品中硝基呋喃类代谢物残留量的测定 液相色谱—串联质谱法

GB 20941 食品安全国家标准 水产制品生产卫生规范

GB/T 21316 动物源性食品中磺胺类药物残留量的测定 液相色谱—质谱/质谱法

GB 29687 食品安全国家标准 水产品中阿苯达唑及其代谢物多残留的测定 高效液相色谱法

JJF 1070 定量包装商品净含量计量检验规则

NY/T 391 绿色食品 产地环境质量

NY/T 658 绿色食品 包装通用准则

NY/T 755 绿色食品 渔药使用准则

NY/T 1055 绿色食品 产品检验规则

NY/T 1056 绿色食品 贮藏运输准则

NY/T 1891 绿色食品 海洋捕捞水产品生产管理规范

SC/T 3013 贝类净化技术规范

SC/T 3015 水产品中土霉素、四环素、金霉素残留量的测定

SC/T 3018 水产品中氯霉素残留量的测定 气相色谱法

SC/T 3025 水产品中甲醛的测定

国家质量监督检验检疫总局令 2005 年第 75 号 定量包装商品计量监督管理办法

3 术语和定义

下列术语和定义适用于本文件。

3.1

热脱壳 heat shocking

带壳双壳贝类经受热处理,如蒸汽、热水或热空气的快速脱壳过程。

3.2

单冻 individual quick freezing(IQF)

个体快速冻结

水产品个体在互相不粘结的情况下快速冻结的方法。

[SC/T 3012—2002,定义 5.7]

3.3

块冻 block quick freezing(BQF)

水产品个体在互相粘结的情况下快速冻结的方法。

3.4

干耗 moisture loss

冻结水产品在冻藏过程中的失水现象。

[SC/T 3012—2002,定义 5.30]

4 要求

4.1 产地环境

海水贝生产水环境质量应符合 NY/T 391 的要求。

4.2 生产过程

4.2.1 海洋捕捞

按照 NY/T 1891 的规定执行。

4.2.2 海水养殖

4.2.2.1 滩涂养殖

潮流畅通、流速缓慢、受风暴影响较小。水温 8℃～30℃。养殖品种按滩涂底质进行合理选择。

示例:养殖对象为文蛤,其底质宜为沙泥质;养殖对象为泥蚶、缢蛏,其底质宜为泥质;养殖对象为青蛤,其底质宜为
沙泥质或硬泥底质。

4.2.2.2 露天池塘养殖

池塘整理后新塘暴晒,老塘清淤,渔用消毒剂应符合 NY/T 755 的要求。

4.2.2.3 室内工厂化池塘养殖

池塘整理后清淤,渔用消毒剂应符合 NY/T 755 的要求。

4.2.3 净化

海水养殖的海水贝应放入净化池或暂养处理,以降低其所含的寄生虫、有害微生物、农药、兽药、毒素、沙质含量。净化池或暂养处理的设计、选址、用水和管理按照 SC/T 3013 的规定执行。

4.2.4 加工

净养后的海水贝应冷却至 0℃ 左右,尽快运至加工场所,脱壳后经冷冻制得生制冻品;热脱壳后经冷冻制得熟制冻品。加工企业应符合 GB 20941 的要求。

4.3 感官

应符合表 1 的要求。

表 1 感官要求

项目	要 求		检验方法
	鲜活品	冻品	
外观	贝壳无破碎,附着物少,表面无肉眼可见泥污	大小均匀,无干耗、软化现象,单冻贝个体易于分离,冰衣透明光亮;块冻贝冻块平整不破碎,冰被清洁并均匀盖没贝	取约 500 g(大型贝类至少 3 个)样品置于白色搪瓷盘或不锈钢工作台上,在光线充足、无异味的环境中,用目测法观察外观、活力、组织状态和杂质,嗅其气味。当气味和组织状态不能判定产品质量时,进行水煮试验
活力	离水时反应敏捷,双壳贝类闭合有力	—	
气味	具有海水贝正常气味,无异味	具有冻贝正常气味,无异味	
组织状态	肌肉组织致密有弹性,呈海水贝正常色泽	肌肉组织致密有弹性,呈冻贝正常色泽	
杂质	无外来杂质,无空壳,贝壳内无泥沙	无外来杂质	
水煮试验	具有本品种特有的鲜味和口感,无异味		在容器中加入饮用水 500 mL～800 mL,煮沸。取约 100 g 清水洗净的样品(大型贝类切块不大于 3 cm×3 cm),放入容器中,加盖,煮 2 min～2.5 min,打开容器盖,闻气味,品尝肉质

4.4 理化指标

应符合表 2 的要求。

表 2 理化指标

项 目	指 标	检验方法
挥发性盐基氮,mg/100 g	≤15	GB 5009.228
注:不适用于活品。		

4.5 污染物限量、渔药残留限量和生物毒素限量

应符合食品安全国家标准及相关规定,同时应符合表 3 的要求。

表 3 污染物、渔药残留和生物毒素限量

单位为毫克每千克

项 目	指 标	检验方法
镉(以 Cd 计)	≤1.0	GB 5009.15
石油烃	≤15	GB 17378.6

表 3（续）

项 目	指 标	检验方法
甲醛	≤10.0	SC/T 3025
磺胺类(sulfonamides)[a]	不得检出(<0.010)	GB/T 21316
阿苯达唑(albendazole)[a]	≤0.1	GB 29687
麻痹性贝类毒素总量(PSP)[b]	不得检出(<0.075)	GB 5009.213
记忆丧失性贝类毒素(ASP)	不得检出(<0.3)	GB 5009.198

[a] 适用于海水养殖产品。

[b] 以 GTX4、GTX1、dcGTX3、B1、dcGTX2、GTX3、GTX2、neoSTX、dcSTX、STX 总量计。

4.6 微生物限量

熟制海水贝类微生物限量应符合表 4 的要求。

表 4 微生物限量

项 目	指 标	检验方法
菌落总数,CFU/g	≤3 000	GB 4789.2
大肠菌群,MPN/g	<3.0	GB 4789.3
致泻大肠埃希氏菌	不得检出	GB 4789.6

4.7 净含量

定量包装产品应符合国家质量监督检验检疫总局令 2005 年第 75 号的要求。检验方法按照 JJF 1070 的规定执行。

5 检验规则

申报绿色食品的海水贝应按照本标准 4.3～4.7 以及附录 A 所确定的项目进行检验。每批产品交收(出厂)前,都应进行交收(出厂)检验,交收(出厂)检验内容包括包装、标志、标签、净含量、感官、挥发性盐基氮。其他要求按照 NY/T 1055 的规定执行。

6 标签

按照 GB 7718 的规定执行。

7 包装、运输和储存

7.1 包装

按照 B/T 191 和 NY/T 658 的规定执行。

7.2 运输和储存

7.2.1 鲜活品的运输和储存按照 NY/T 1056 的规定执行。应使用卫生并具有防雨、防晒、防尘设施的专用冷藏车船运输,温度为 -4℃～0℃;储存于 -4℃～0℃的冷藏库内。

7.2.2 冻品的运输和储存按照 NY/T 1056 规定执行。应使用卫生并具有防雨、防晒、防尘设施的专用冷冻车船运输,温度为 -18℃以下;储存于 -18℃以下的冷冻库内。

7.2.3 熟品的运输和储存按照 NY/T 1056 的规定执行。

附　录　A

（规范性附录）

绿色食品海水贝申报检验项目

　　表 A.1 规定了除 4.3～4.7 所列项目外，依据食品安全国家标准和绿色食品海水贝生产实际情况，绿色食品海水贝申报检验还应检验的项目。熟制海水贝类还应符合表 A.2 的要求。

表 A.1　污染物、渔药残留项目

检 验 项 目	指 标	检验方法
甲基汞(以 Hg 计),mg/kg	≤0.5	GB 5009.17
无机砷(以 As 计),mg/kg	≤0.5	GB 5009.11
铅(以 Pb 计),mg/kg	≤1.0	GB 5009.12
铬(以 Cr 计),mg/kg	≤2.0	GB 5009.123
多氯联苯总量[a],mg/kg	≤0.5	GB 5009.190
N-二甲基亚硝胺[b],μg/kg	≤4.0	GB 5009.26
苯并(a)芘[c],μg/kg	≤5.0	GB 5009.27
土霉素/金霉素/四环素(单个或复合物)[d],mg/kg	≤0.1	SC/T 3015
氯霉素(chloramphenicol)[d],μg/kg	不得检出(<0.3)	SC/T 3018
硝基呋喃类代谢物(nitrofuran metabolites)[d],μg/kg	不得检出(<0.5)	GB/T 20752
孔雀石绿[d],μg/kg	不得检出(<2.0)	GB/T 19857

　　[a]　以 PCB28、PCB52、PCB101、PCB118、PCB138、PCB153、PCB180 总和计。
　　[b]　适用于海水贝制品。
　　[c]　适用于熏、烤制品。
　　[d]　适用于海水养殖产品。

表 A.2　微生物项目

项　　目	采样方案及限量				检验方法
	n	c	m	M	
沙门氏菌	5	0	0/25 g	—	GB 4789.4
副溶血性弧菌	5	1	100 MPN/g	1 000 MPN/g	GB 4789.7
金黄色葡萄球菌	5	1	100 CFU/g	1 000 CFU/g	GB 4789.10—2016 中的第二法

　　注:n 为同一批次产品应采集的样品件数;c 为最大可允许超出 m 值的样品数;m 为微生物指标可接受水平的限量值;M 为微生物指标的最高安全限量值。

ICS 03.100.30
A 18

中华人民共和国农业行业标准

NY/T 3122—2017

水生物检疫检验员

2017-12-22 发布

2018-06-01 实施

中华人民共和国农业部 发布

前　言

本标准由农业部人事劳动司提出并归口。

本标准起草单位：农业部人力资源开发中心、全国水产技术推广总站。

本标准主要起草人：余卫忠、翟秀梅、李颖、王虹人、陈辉、徐立蒲、孙金生、王崇明、钱冬、赵子明。

本标准审定人员：潘勇、齐富刚、胡庆杰、刘群、牛静。

水生物检疫检验员

1 职业概况

1.1 职业名称

水生物检疫检验员

1.2 职业定义

从事水生动物疫病防治与检测的人员。

1.3 职业技能等级

本职业共设五个等级,分别为:初级技能(国家职业资格五级)、中级技能(国家职业资格四级)、高级技能(国家职业资格三级)、技师(国家职业资格二级)、高级技师(国家职业资格一级)。

1.4 职业环境条件

室内、室外,常温。

1.5 职业能力倾向

具有一定的学习、计算和表达能力;手指、手臂灵活,动作协调;色觉、嗅觉正常,空间、形体感觉灵敏。

1.6 普通受教育程度

高中毕业(或同等学力)。

1.7 职业培训要求

1) 晋级培训期限

初级技能不少于 120 标准学时;中级技能不少于 90 标准学时;高级技能不少于 150 标准学时;技师不少于 90 标准学时;高级技师不少于 60 标准学时。

2) 培训教师

培训初、中、高级技能的教师应具有本职业技师及以上职业资格证书或相关专业中级及以上专业技术职务任职资格;培训技师的教师应具有本职业高级技师职业资格证书或相关专业高级专业技术职务任职资格;培训高级技师的教师应具有本职业高级技师职业资格证书 2 年以上或相关专业高级专业技术职务任职资格。

3) 培训场所设备

满足培训需要的标准教室,具备必要实验仪器设备、试剂与药品的相关实习场所。

1.8 职业技能鉴定要求

1) 申报条件

——具备以下条件之一者,可申报五级/初级技能:

(1)经本职业五级/初级技能正规培训达到规定标准学时数,并取得结业证书。

(2)连续从事本职业工作 1 年以上。

(3)本职业学徒期满。

——具备以下条件之一者,可申报四级/中级技能:

(1)取得本职业五级/初级技能职业资格证书后,连续从事本职业工作 3 年以上,经本职业四级/中级技能正规培训达到规定标准学时数,并取得结业证书。

(2)取得本职业五级/初级技能职业资格证书后,连续从事本职业工作 4 年以上。

(3)连续从事本职业工作 6 年以上。

（4）取得技工学校毕业证书；或取得经人力资源社会保障行政部门审核认定、以中级技能为培养目标的中等及以上职业学校本专业毕业证书（含尚未取得毕业证书的在校应届毕业生）。

——具备以下条件之一者，可申报三级/高级技能：

（1）取得本职业四级/中级技能职业资格证书后，连续从事本职业工作 4 年以上，经本职业三级/高级技能正规培训达到规定标准学时数，并取得结业证书。

（2）取得本职业四级/中级技能职业资格证书后，连续从事本职业工作 5 年以上。

（3）取得本职业四级/中级技能职业资格证书，并具有高级技工学校、技师学院毕业证书；或取得本职业四级/中级技能职业资格证书，并经人力资源社会保障行政部门审核认定、以高级技能为培养目标、具有高等职业学校本专业毕业证书（含尚未取得毕业证书的在校应届毕业生）。

（4）具有大专及以上本专业或相关专业毕业证书，并取得本职业四级/中级技能职业资格证书，连续从事本职业工作 2 年以上。

——具备以下条件之一者，可申报二级/技师：

（1）取得本职业三级/高级技能职业资格证书后，连续从事本职业工作 3 年以上，经本职业二级/技师正规培训达到规定标准学时数，并取得结业证书。

（2）取得本职业三级/高级技能职业资格证书后，连续从事本职业工作 4 年以上。

（3）取得本职业三级/高级技能职业资格证书的高级技工学校、技师学院本专业毕业生，连续从事本职业工作 3 年以上；取得预备技师证书的技师学院毕业生连续从事本职业工作 2 年以上。

——具备以下条件之一者，可申报一级/高级技师：

（1）取得本职业二级/技师职业资格证书后，连续从事本职业工作 3 年以上，经本职业一级/高级技师正规培训达到规定标准学时数，并取得结业证书。

（2）取得本职业二级/技师职业资格证书后，连续从事本职业工作 4 年以上。

2) 鉴定方式

分为理论知识考试和操作技能考核。理论知识考试采用闭卷笔试方式，操作技能考核采用现场实际操作、模拟和口试等方式。理论知识考试和操作技能考核均实行百分制，成绩皆达 60 分及以上者为合格。技师、高级技师还须进行综合评审。

3) 监考及考评人员与考生配比

理论知识考试中的监考人员与考生配比为 1:20，每个标准教室不少于 2 名监考人员；操作技能考核中的考评人员与考生配比为 1:5，且不少于 3 名考评人员；综合评审委员不少于 5 人。

4) 鉴定时间

理论知识考试时间不少于 45 min；操作技能考核时间不少于 90 min；综合评审时间不少于 60 min。

5) 鉴定场所设备

理论知识考试在标准教室进行；操作技能考核在教学实验室或教学实习基地进行。

2 基本要求

2.1 职业道德

2.1.1 职业道德基本知识

2.1.2 职业守则

（1）遵纪守法、爱岗敬业、认真负责。

（2）实事求是、业务精湛、一丝不苟。

（3）以防为主、防治结合、保护环境。

2.2 基础知识

2.2.1 专业知识

（1）水生动物生物学基础知识。

（2）水生动物病理检验基础知识。

（3）水生动物病原检验基础知识。

（4）水生动物饲养管理基础知识。

2.2.2 安全知识

（1）水、电、气安全使用常识。

（2）化学品使用知识。

（3）预防中毒的主要措施。

（4）安全操作及自救常识。

2.2.3 相关法律、法规知识

（1）《中华人民共和国渔业法》的相关知识。

（2）《中华人民共和国动物防疫法》的相关知识。

（3）《中华人民共和国食品安全法》的相关知识。

（4）《中华人民共和国农产品质量安全法》的相关知识。

（5）《兽药管理条例》的相关知识。

（6）《病原微生物实验室生物安全管理条例》等实验室生物安全相关知识。

3 工作要求

本标准对初级、中级、高级、技师和高级技师的技能要求依次递进,高级别涵盖低级别的要求。

3.1 初级技能

职业功能	工作内容	技能要求	相关知识要求
1. 送样与受理	1.1 样品的采集	1.1.1 能根据检疫的要求对不同水生动物的样品进行采集	1.1.1 鱼类样品的采集知识 1.1.2 贝类样品的采集知识 1.1.3 甲壳类样品的采集知识
	1.2 样品的运送	1.2.1 能按运输要求对不同的水生动物样品进行包装 1.2.2 在样品采集时,能填写水生动物现场采样表 1.2.3 能正确填写内外包装上样品的标签 1.2.4 能按要求进行送样	1.2.1 活水生动物和固定样品的包装知识 1.2.2 样品的运输方法 1.2.3 样品的记录和标识知识 1.2.4 送样注意事项
2. 检疫检验	2.1 鱼类寄生虫病检验	2.1.1 能按照鱼类寄生虫病的检查顺序进行检测 2.1.2 能熟练使用显微镜进行检测	2.1.1 刺激隐核虫病、小瓜虫病感染的外观特征
	2.2 贝类寄生虫病检验	2.2.1 能根据贝类寄生虫病的病原特征及流行情况进行临床诊断	2.2.1 奥尔森派琴虫病、折光马尔太虫病、包纳米虫病、鲍脓疱病的病原学、流行病学等相关知识
	2.3 鱼类细菌病检验	2.3.1 能根据鱼类细菌病的病原特征及流行情况进行初步诊断	2.3.1 淡水鱼细菌性败血症、鲴类肠败血症的病原学、流行病学等相关知识
	2.4 鲍立克次体病检验	2.4.1 能根据鲍立克次体病的临床症状特点进行临床诊断	2.4.1 鲍立克次体病的病原学、流行病学等相关知识

（续）

职业功能	工作内容	技能要求	相关知识要求
2. 检疫检验	2.5 虾蟹类病毒病检验	2.5.1 能根据典型病症进行疾病的初步判断	2.5.1 白斑综合征、黄头病、桃拉综合征、传染性皮下及造血器官坏死病、传染性肌肉坏死病、罗氏沼虾白尾病、对虾杆状病毒病的主要病症
	2.6 贝类病毒病检验	2.6.1 能根据贝类病毒病的病原学特征和流行情况进行临床诊断	2.6.1 牡蛎疱疹病毒病、鲍疱疹病毒病的病原学、流行病学等相关知识
3. 结果与报告	3.1 结果报告	3.1.1 能按照填写规范进行记录的填写及更改	3.1.1 记录表格的填写要求及规范
4. 无害化处理	4.1 工具消毒	4.1.1 能配制常用消毒药物 4.1.2 能对常用工具进行常规消毒	4.1.1 消毒的目的与意义 4.1.2 消毒药溶液浓度表示法 4.1.3 常用消毒药物的配制
	4.2 废弃物处理	4.2.1 能对常用检疫药剂进行常规处理 4.2.2 能进行一般性废弃物的常规无害化处理	4.2.1 废弃物处理的目的与意义 4.2.2 主要检疫药剂的处理 4.2.3 一般性废弃物的无害化处理

3.2 中级技能

职业功能	工作内容	技能要求	相关知识要求
1. 送样与受理	1.1 样品的受理	1.1.1 能检测样品是否符合检疫检验要求，并按照规定对样品进行登记 1.1.2 能按照检疫检验要求进行一般样品的预处理 1.1.3 能对实验室不同样品进行分类保存	1.1.1 样品的接收知识 1.1.2 样品的预处理知识 1.1.3 样品实验室保存的一般原则
2. 检疫检验	2.1 鱼类寄生虫病检验	2.1.1 能进行常见鱼类寄生虫病的初步诊断	2.1.1 小瓜虫病、刺激隐核虫病、黏孢子虫病、三代虫病、指环虫病的病原学、流行病学知识和初步检测方法
	2.2 贝类寄生虫病检验	2.2.1 能用组织学方法进行贝类寄生虫病的诊断	2.2.1 奥尔森派琴虫病、折光马尔太虫病、包纳米虫病等的病原学、流行病学知识和初步检测方法
	2.3 鱼类细菌病检验	2.3.1 能进行培养基的配制、分装、灭菌 2.3.2 能进行实验室常用器械的灭菌 2.3.3 能进行主要鱼类细菌性疫病的初步诊断	2.3.1 培养基的制备 2.3.2 配制培养基的常用材料 2.3.3 灭菌方法 2.3.4 分离培养微生物常用器皿的准备 2.3.5 鱼类主要细菌性疫病的相关知识
	2.4 鲍立克次体病检验	2.4.1 能用组织学方法进行鲍立克次体病的诊断	2.4.1 鲍立克次体病的病原学、流行病学知识
	2.5 虾蟹类病毒病检验	2.5.1 能使用显微镜检测方法进行虾类病毒病的检测	2.5.1 虾类白斑综合征检测 2.5.2 对虾黄头病的检测 2.5.3 桃拉综合征的电镜检测 2.5.4 传染性皮下及造血器官坏死病的电镜检测 2.5.5 传染性肌肉坏死病的检测 2.5.6 罗氏沼虾白尾病的电镜检测 2.5.7 对虾杆状病毒病的检测 2.5.8 显微镜和电镜的检测工作程序

（续）

职业功能	工作内容	技能要求	相关知识要求
3. 结果与报告	3.1 记录	3.1.1 能按照工作程序及工作要求进行检测检验活动过程中的有关记录	3.1.1 记录的编制、种类、填写要求、更改、索引、识别、收集、存档、维护和清理等
4. 无害化处理	4.1 工具消毒	4.1.1 能根据常用消毒剂种类进行消毒 4.1.2 能正确地对检验器械进行常规消毒	4.1.1 常用消毒剂 4.1.2 检验器械的消毒
	4.2 废弃物处理	4.2.1 能对检疫实验室废弃的样品进行分类处理	4.2.1 检疫实验室无害化处理目的及原则 4.2.2 工作环境的无害化处理 4.2.3 病原生物及其污染物的无害化处理 4.2.4 废弃样品的处理

3.3 高级技能

职业功能	工作内容	技能要求	相关知识要求
1. 送样与受理	1.1 样品的处理和保存	1.1.1 能对不同样品进行处理和保存	1.1.1 鱼类样品的处理和保存知识 1.1.2 贝类样品的处理和保存知识 1.1.3 甲壳类样品的处理知识
2. 检疫检验	2.1 鱼类寄生虫病检验	2.1.1 能够依据显微镜下寄生虫形态特征、临床症状与流行病学初步判断疾病	2.1.1 刺激隐核虫病的病原、流行情况、临床症状、诊断方法 2.1.2 小瓜虫病的病原、流行情况、临床症状、诊断方法 2.1.3 黏孢子虫病的病原、流行情况、临床症状、诊断方法 2.1.4 三代虫病的病原、流行情况、临床症状、诊断方法 2.1.5 指环虫病的病原、流行情况、临床症状、诊断方法
	2.2 鱼类细菌病检验	2.2.1 能对鱼类病原菌进行分离、纯化和保存	2.2.1 鱼类细菌病检验的基本过程 2.2.2 细菌分离与接种的常用方法 2.2.3 细菌培养的条件 2.2.4 选择性培养基的应用
	2.3 鱼类病毒病检验	2.3.1 能依据临床症状与流行病学对鱼类主要病毒病进行初步判断	2.3.1 鲤春病毒血症、草鱼出血病、锦鲤疱疹病毒病、斑点叉尾鮰病毒病、传染性造血器官坏死病、传染性脾肾坏死病、真鲷虹彩病毒病、病毒性神经坏死病、流行性造血器官坏死病、病毒性出血性败血症、金鱼造血器官坏死病的病原、流行情况、临床症状、诊断方法
	2.4 虾蟹类病毒病组织学检验	2.4.1 能在指导下用组织切片的方法进行病毒检验	2.4.1 白斑综合征、黄头病、桃拉综合征、传染性皮下及造血器官坏死病、传染性肌肉坏死病、罗氏沼虾白尾病、对虾杆状病毒组织病理学诊断、切片制作和注意事项
	2.5 鲍脓疱病检验	2.5.1 能对鲍脓疱病的病原菌进行分离	2.5.1 鲍脓疱病的病原学特性、流行情况和临床症状

（续）

职业功能	工作内容	技能要求	相关知识要求
3. 结果与报告	3.1 编制与出具检验报告	3.1.1 能编制与出具检验报告	3.1.1 检验结果的分析 3.1.2 检验报告的编写、审核、签发、发放、更改、归档等
4. 无害化处理	4.1 工具消毒及废弃物处理	4.1.1 能运用多种方法对运输工具进行消毒 4.1.2 能熟练对使用过的试剂进行分类处理	4.1.1 物理消毒灭菌法 4.1.2 化学消毒法 4.1.3 运输工具的消毒 4.1.4 使用过的试剂分类处理 4.1.5 相关注意事项
	4.2 染疫水生动物及其产品的无害化处理	4.2.1 能对不同染疫动物及其产品进行无害化处理	4.2.1 疫病扑灭原则 4.2.2 病死水生动物无害化处理方法 4.2.3 相关注意事项

3.4 技师技能

职业功能	工作内容	技能要求	相关知识要求
1. 检疫检验	1.1 鱼类寄生虫病检验	1.1.1 能根据鱼类寄生虫病的病理变化进行诊断 1.1.2 能运用 PCR 技术对寄生虫病进行诊断	1.1.1 指环虫病、三代虫病等鱼类主要寄生虫病的病理变化和诊断方法 1.1.2 指环虫病、三代虫病等鱼类主要寄生虫病的 PCR 诊断方法
	1.2 鱼类细菌病检验	1.2.1 能进行迟缓爱德华氏菌的分离鉴定 1.2.2 能运用 PCR 技术对鱼类迟缓爱德华氏菌进行检验	1.2.1 细菌的染色和形态学观察方法 1.2.2 鱼类迟缓爱德华氏菌的 PCR 检测方法
	1.3 鱼类病毒病检验	1.3.1 能运用 PCR 技术对鱼类病毒病进行诊断	1.3.1 鲤春病毒血症、传染性造血器官坏死病等 PCR 检测方法
	1.4 虾蟹类病毒病检验	1.4.1 能运用套式 PCR 对虾蟹类主要病毒病进行检测 1.4.2 能运用 RT‑PCR 方法对虾蟹类主要病毒病进行检测	1.4.1 罗氏沼虾白尾病、传染性肌肉坏死病、桃拉综合征和黄头病等套式 PCR、RT‑PCR 检测方法
	1.5 贝类寄生虫病检验	1.5.1 能根据贝类寄生虫病的病理变化特征进行诊断 1.5.2 能运用 PCR 技术对贝类寄生虫病进行诊断	1.5.1 贝类寄生虫病的病原学和流行病学特征 1.5.2 寄生虫病的 PCR 检测方法
	1.6 鲍脓疱病检验	1.6.1 能运用 PCR 技术对鲍脓疱病进行诊断	1.6.1 鲍脓疱病的病原学和流行病学特征 1.6.2 鲍脓疱病的 PCR 检测方法
	1.7 鲍立克次体病检验	1.7.1 能运用 PCR 技术对鲍立克次体病进行检验	1.7.1 鲍立克次体病的病原学和流行病学特征 1.7.2 鲍立克次体病的 PCR 检测方法
	1.8 贝类病毒病检验	1.8.1 能运用定量 PCR 技术对贝类病毒病进行诊断	1.8.1 贝类病毒病的实时定量 PCR 检测方法 1.8.2 牡蛎疱疹病毒病和鲍疱疹病毒病的病原学和流行病学特征

（续）

职业功能	工作内容	技能要求	相关知识要求
2.结果与报告	2.1 结果报告	2.1.1 能编制水生动物重大疫病分析报告 2.1.2 发生水生动物重大疫病时,能够提出处置方案	2.1.1 重大疫病的确诊、认定 2.1.2 重大疫病的分析报告编制方法和原则 2.1.3 重大疫病应急管理措施
3.无害化处理	3.1 无害化处理	3.1.1 能指导他人正确选择运用多种方法对废弃物、染疫动物及产品进行处理	3.1.1 消毒方法的选择 3.1.2 常用消毒剂的作用与用法 3.1.3 水生动物无害化处理原则
4.培训与指导	4.1 培训与指导	4.1.1 能对初级、中级、高级检疫检验员进行培训 4.1.2 能指导相关人员开展水生动物检疫检验工作 4.1.3 能编制初级、中级、高级检疫检验员培训计划	4.1.1 培训计划的编制 4.1.2 针对不同对象采取合适的培训方式、培训内容

3.5 高级技师技能

职业功能	工作内容	技能要求	相关知识要求
1.检疫检验	1.1 鱼类病毒病检验	1.1.1 能运用细胞培养技术进行鱼类主要病毒的分离操作 1.1.2 能用 ELISA、PCR 技术进行鱼类病毒病的诊断	1.1.1 细胞的传代培养和病毒分离 1.1.2 鲤春病毒血症、草鱼出血病等主要病毒病的 ELISA、PCR 检测技术
	1.2 鲍立克次体病检验	1.2.1 能应用原位杂交技术对鲍立克次体病进行检验	1.2.1 鲍立克次体病的病原学特征和流行情况 1.2.2 鲍立克次体病原位杂交检测方法
	1.3 贝类病毒病检验	1.3.1 能应用原位杂交进行贝类病毒病检验	1.3.1 牡蛎疱疹病毒病、鲍疱疹病毒病的病原学特征和流行情况 1.3.2 牡蛎疱疹病毒病、鲍疱疹病毒病的原位杂交检测方法
2.结果与报告	2.1 制订和组织实施水生动物疫病监测方案	2.1.1 能制订水生动物疫病监测方案,并组织实施 2.1.2 能够根据本地水生动物主要疫病流行情况,组织开展疫病风险分析	2.1.1 水生动物疫病监测的指导思想及基本原则 2.1.2 监测方案的主要内容及渔场健康监测的方法 2.1.3 风险分析的原则和方法
3.无害化处理	3.1 无害化处理	3.1.1 能根据疫区划分的原则,提出疫病处理措施 3.1.2 能提出本地区(区域)疫病区带划分方案	3.1.1 疫区划分原则及处理措施 3.1.2 水生动物疫病传播途径
4.培训与指导	4.1 培训与指导	4.1.1 能培养、培训各级水生物检疫检验员	4.1.1 检疫检验相关知识 4.1.2 各种培训的方式、方法 4.1.3 培训的组织和实施

4 比重表

4.1 理论知识

项目 \ 技能等级		初级（%）	中级（%）	高级（%）	技师（%）	高级技师（%）
基本要求		35	30	25	20	10
相关知识要求	送样与受理	10	5	5	5	—
	检疫检验	40	50	45	50	60
	结果与报告	5	5	10	10	10
	无害化处理	10	10	15	10	10
	培训与指导	—	—	—	5	10
合　计		100	100	100	100	100

4.2 技能操作

项目 \ 技能等级		初级（%）	中级（%）	高级（%）	技师（%）	高级技师（%）
技能要求	送样与受理	20	20	20	20	—
	检疫检验	50	50	40	20	50
	结果与报告	15	15	20	20	15
	无害化处理	15	15	20	20	20
	培训与指导	—	—	—	20	15
合　计		100	100	100	100	100

ICS 65.150
B 52

中华人民共和国水产行业标准

SC/T 1135.1—2017

稻渔综合种养技术规范
第1部分:通则

Technical specification for integrated farming of rice and aquaculture animal—
Part 1:General principle

2017-09-30 发布   2018-01-01 实施

中华人民共和国农业部 发布

前　言

SC/T 1135 《稻渔综合种养技术规范》拟分为 6 部分：
——第 1 部分：通则；
——第 2 部分：稻鲤；
——第 3 部分：稻蟹；
——第 4 部分：稻虾（克氏原螯虾）；
——第 5 部分：稻鳖；
——第 6 部分：稻鳅。

本部分为 SC/T 1135 的第 1 部分。

本部分按照 GB/T 1.1—2009 给出的规则起草。

请注意本文件的某些内容可能涉及专利。本文件的发布机构不承担识别这些专利的责任。

本部分由农业部渔业渔政管理局提出。

本部分由全国水产标准化技术委员会淡水养殖分技术委员会（SAC/TC 156/SC 1）归口。

本部分起草单位：全国水产技术推广总站、上海海洋大学、浙江大学、湖北省水产技术推广总站、浙江省水产技术推广总站、中国水稻研究所。

本部分主要起草人：朱泽闻、李可心、陈欣、成永旭、王浩、肖放、马达文、何中央、唐建军、金千瑜、王祖峰、李嘉尧。

稻渔综合种养技术规范
第1部分:通则

1 范围

本部分规定了稻渔综合种养的术语和定义、技术指标、技术要求和技术评价。

本部分适用于稻渔综合种养的技术规范制定、技术性能评估和综合效益评价。

2 规范性引用文件

下列文件对于本文件的应用是必不可少的。凡是注日期的引用文件,仅注日期的版本适用于本文件。凡是不注日期的引用文件,其最新版本(包括所有的修改单)适用于本文件。

GB 2763　食品安全国家标准　食品中农药最大残留限量

GB/T 8321.2　农药合理使用准则(二)

GB 11607　渔业水质标准

NY 5070　无公害农产品　水产品中渔药残留限量

NY 5071　无公害食品　渔用药物使用准则

NY 5072　无公害食品　渔用配合饲料安全限量

NY 5073　无公害食品　水产品中有毒有害物质限量

NY 5116　无公害食品　水稻产地环境条件

NY/T 5117　无公害食品　水稻生产技术规程

NY/T 5361　无公害食品　淡水养殖产地环境条件

SC/T 9101　淡水池塘养殖水排放要求

3 术语和定义

下列术语和定义适用于本文件。

3.1

共作　co-culture

在同一稻田中同时种植水稻和养殖水产养殖动物的生产方式。

3.2

轮作　rotation

在同一稻田中有顺序地在季节间或年间轮换种植水稻和养殖水产养殖动物的生产方式。

3.3

稻渔综合种养　integrated farming of rice and aquaculture animal

通过对稻田实施工程化改造,构建稻渔共作轮作系统,通过规模开发、产业经营、标准生产、品牌运作,能实现水稻稳产、水产品新增、经济效益提高、农药化肥施用量显著减少,是一种生态循环农业发展模式。

3.4

茬口　stubble

在同一稻田中,前后季种植的作物和养殖的水产动物及其替换次序的总称。

3.5

沟坑 ditch and puddle for aquaculture

用于水产养殖动物活动、暂养、栖息等用途而在稻田中开挖的沟和坑。

3.6

沟坑占比 percentage of the areas of ditch and puddle

种养田块中沟坑面积占稻田总面积的比例。

3.7

田间工程 field engineering

为构建稻渔共作轮作模式而实施的稻田改造,包括进排水系统改造、沟坑开挖、田埂加固、稻田平整、防逃防害防病设施建设、机耕道路和辅助道路建设等内容。

3.8

耕作层 plough layer

经过多年耕种熟化形成稻田特有的表土层。

4 技术指标

稻渔综合种养应保证水稻稳产,技术指标应符合以下要求:

a) 水稻单产:平原地区水稻产量每 667m² 不低于 500kg,丘陵山区水稻单产不低于当地水稻单作平均单产;

b) 沟坑占比:沟坑占比不超过 10%;

c) 单位面积纯收入提升情况:与同等条件下水稻单作对比,单位面积纯收入平均提高 50% 以上;

d) 化肥施用减少情况:与同等条件下水稻单作对比,单位面积化肥施用量平均减少 30% 以上;

e) 农药施用减少情况:与同等条件下水稻单作对比,单位面积农药施用量平均减少 30% 以上;

f) 渔用药物施用情况:无抗菌类和杀虫类渔用药物使用。

5 技术要求

5.1 稳定水稻生产

5.1.1 宜选择茎秆粗壮、分蘖力强、抗倒伏、抗病、丰产性能好、品质优、适宜当地种植的水稻品种。

5.1.2 稻田工程应保证水稻有效种植面积,保护稻田耕作层,沟坑占比不超过 10%。

5.1.3 稻渔综合种养技术规范中,应按技术指标要求设定水稻最低目标单产。共作模式中,水稻栽培应发挥边际效应,通过边际密植,最大限度保证单位面积水稻种植穴数;轮作模式中,应做好茬口衔接,保证水稻有效生产周期,促进水稻稳产。

5.1.4 水稻秸秆宜还田利用,促进稻田地力修复。

5.2 规范水产养殖

5.2.1 宜选择适合稻田浅水环境、抗病抗逆、品质优、易捕捞、适宜于当地养殖、适宜产业化经营的水产养殖品种。

5.2.2 稻渔综合种养技术规范中,应结合水产养殖动物生长特性、水稻稳产和稻田生态环保的要求,合理设定水产养殖动物的最高目标单产。

5.2.3 渔用饲料质量应符合 NY 5072 的要求。

5.2.4 稻田中严禁施用抗菌类和杀虫类渔用药物,严格控制消毒类、水质改良类渔用药物施用。

5.3 保护稻田生态

5.3.1 应发挥稻渔互惠互促效应,科学设定水稻种植密度与水产养殖动物放养密度的配比,保持稻田土壤肥力的稳定性。

5.3.2 稻田施肥应以有机肥为主,宜少施或不施用化肥。

5.3.3 稻田病虫草害应以预防为主,宜减少农药和渔用药物施用量。

5.3.4 水产养殖动物养殖应充分利用稻田天然饵料,宜减少渔用饲料投喂量。

5.3.5 稻田水体排放应符合 SC/T 9101 的要求。

5.4 保障产品质量

5.4.1 稻田水源条件应符合 GB 11607 的要求,稻田水质条件应符合 NY/T 5361 的要求。

5.4.2 稻田产地环境条件应符合 NY 5116 的要求,水稻生产过程应符合 NY/T 5117 的要求。

5.4.3 稻田中不得施用含有 NY 5071 中所列禁用渔药化学组成的农药,农药施用应符合 GB/T 8321.2 的要求,渔用药物施用应符合 NY 5071 的要求。

5.4.4 稻米农药最大残留限量应符合 GB 2763 的要求,水产品渔药残留和有毒有害物质限量应符合 NY 5070、NY 5073 的要求。

5.4.5 生产投入品应来源可追溯,生产各环节建立质量控制标准和生产记录制度。

5.5 促进产业化

5.5.1 应规模化经营,集中连片或统一经营面积应不低于 66.7 hm², 经营主体宜为龙头企业、种养大户、合作社、家庭农场等新型经营主体。

5.5.2 应标准化生产,宜根据实际将稻田划分为若干标准化综合种养单元,并制定相应稻田工程建设和生产技术规范。

5.5.3 应品牌化运作,建立稻田产品的品牌支撑和服务体系,并形成相应区域公共或企业自主品牌。

5.5.4 应产业化服务,建立苗种供应、生产管理、流通加工、品质评价等关键环节的产业化配套服务体系。

6 技术评价

6.1 评价目标

通过经济效益、生态效益和社会效益分析,评估稻渔综合种养模式的技术性能,并提出优化建议。

6.2 评价方式

6.2.1 经营主体自评

经营主体应每年至少开展一次技术评价,形成技术评价报告,并建立技术评价档案。

6.2.2 公共评价

成立第三方评价工作组,工作组应由渔业、种植业、农业经济管理、农产品市场分析等方面专家组成,形成技术评价报告,并提出公共管理决策建议。

6.3 评价内容

6.3.1 经济效益评价

通过综合种养和水稻单作的对比分析,评估稻渔综合种养的经济效益。评价内容应至少包括:
- a) 单位面积水稻产量及增减情况;
- b) 单位面积水稻产值及增减情况;
- c) 单位面积水产品产量;
- d) 单位面积水产品产值;
- e) 单位面积新增成本;
- f) 单位面积新增纯收入。

6.3.2 生态效益评价

通过综合种养和水稻单作的对比分析,评估稻渔综合种养的生态效益。评价内容应至少包括:

a) 农药施用情况;

b) 化肥施用情况;

c) 渔用药物施用情况;

d) 渔用饲料施用情况;

e) 废物废水排放情况;

f) 能源消耗情况;

g) 稻田生态改良情况。

6.3.3 社会效益评价

通过综合种养和水稻单作的对比分析,评估稻渔综合种养的社会效益。评价内容应至少包括:

a) 水稻生产稳定情况;

b) 带动农户增收情况;

c) 新型经营主体培育情况;

d) 品牌培育情况;

e) 产业融合发展情况;

f) 农村生活环境改善情况;

g) 防灾抗灾能力提升情况。

6.4 评价方法

6.4.1 效益评价方法

通过稻渔综合种养模式,与同一区域中水稻品种、生产周期和管理方式相近的水稻单作模式进行对比分析,评估稻渔综合种养的经济效益、生态效益和社会效益。

效益评价中,评价组织者可结合实际,选择以标准种养田块或经营主体为单元,进行调查分析。稻渔综合种养模式中稻田面积的核定应包括沟坑的面积。单位面积产品产出汇总表、单位面积成本投入汇总表填写参见附录 A、附录 B。

6.4.2 技术指标评估

根据效益评价结果,填写模式技术指标评价表(参见附录 C)。第 4 章的技术指标全部达到要求,方可判定评估模式为稻渔综合种养模式。

6.5 评价报告

技术评价应形成正式报告,至少包括以下内容:

a) 经济效益评价情况;

b) 生态效益评价情况;

c) 社会效益评价情况;

d) 模式技术指标评估情况;

e) 优化措施建议。

附　录　A

（资料性附录）

单位面积产品产出汇总表

单位面积产品产出汇总表见表 A.1。

表 A.1　单位面积产品产出汇总表

综合种养模式名称：

经营主体名称：		联系人：			联系电话：									
调查取样序号	综合种养（评估组）								水稻单作（对照组）				单位面积水稻产量增减（kg）	单位面积总产值增减（元）
	综合种养面积（×667m²）		水稻产出			水产产出			水稻种植面积（×667 m²）	水稻产出				
	水稻种养面积	沟坑面积	产量（kg）	单价（元）	单产（kg）	产量（kg）	单价（元）	单产（kg）		产量（kg）	单价（元）	单产（kg）		
A	B	C	D	E	F	G	H	I	J	K	L	M	N	O

记录人签字：　　　　　　　　　　　　　　调查日期：　　　年　　　月　　　日

注 1：增量在数字前添加符号"＋"，减量添加符号"－"。

注 2：表内平衡公式：F＝D/（B＋C）；M＝K/J；N＝F－K；O＝D×E－G×H。

注 3：表中单价指每千克的价格；单产指每 667 m² 的产量；单位面积指 667 m²。

附　录　B

（资料性附录）

单位面积成本投入汇总表

单位面积成本投入汇总表见表B.1。

表B.1　单位面积成本投入汇总表

综合种养模式名称：

经营主体名称：		联系人：								联系电话：							
调查取样序号	对比分析项目	单位面积投入情况（元）														单位面积投入合计（元）	单位面积投入增减（元）
		劳动用工	物质投入							其他							
		劳动用工费	稻种/秧苗费	化肥费	有机肥费	农药费	水产苗种费	饲料费	渔药费	田(塘)租费	设施设备改造费	服务费(机耕/机收)	产品加工费	产品营销费	其他费用		
	综合种养（评估组）																
	水稻单作（对照组）																
	综合种养（评估组）																
	水稻单作（对照组）																
记录人签字：							调查日期：			年		月		日			

注1：增量在数字前添加符号"＋"，减量添加符号"－"。

注2：表中单位面积指667 m²。

附　录　C
（资料性附录）
模式技术指标评价表

模式技术指标评价表见表C.1。

表C.1　模式技术指标评价表

综合种养模式名称：

经营主体名称：				
联系人：			联系电话：	
序号	评价指标	指标要求	评价结果	结果判定
1	水稻单产	平原地区水稻产量每667 m²不低于500 kg,丘陵山区水稻单产不低于当地水稻单作平均单产		□合格　□不合格
2	沟坑占比	沟坑占比不超过10%		□合格　□不合格
3	单位面积纯收入提升情况	与同等条件下水稻单作对比,单位面积纯收入平均提高50%以上		□合格　□不合格
4	化肥施用减少情况	与同等条件下水稻单作对比,单位面积化肥施用量平均减少30%以上		□合格　□不合格
5	农药施用减少情况	与同等条件下水稻单作对比,单位面积农药施用量平均减少30%以上		□合格　□不合格
6	渔用药物施用情况	无抗菌类和杀虫类渔用药物施用		□合格　□不合格
模式评定： 　　评估模式是否为稻渔综合种养模式:□是　□否				
其他评价说明： 				
评价人签字： 　　　　　　　　　　　　　　　日期：　　　年　　月　　　日				
注:技术指标全部达到要求,方可判定评估模式为稻渔综合种养模式。				

ICS 65.150
B 51

中华人民共和国水产行业标准

SC/T 2070—2017

大泷六线鱼

Fat greenling

2017-06-12 发布

2017-10-01 实施

中华人民共和国农业部 发布

前　言

本标准按照 GB/T 1.1—2009 给出的规则起草。

请注意本文件的某些内容可能涉及专利。本文件的发布机构不承担识别这些专利的责任。

本标准由农业部渔业渔政管理局提出。

本标准由全国水产标准化技术委员会海水养殖分技术委员会(SAC/TC 156/SC 2)归口。

本标准起草单位:浙江海洋大学、大连海洋大学、山东省海洋生物研究院、中国海洋大学。

本标准主要起草人:高天翔、韩志强、蔡珊珊、李霞、郭文、纪东平、宋娜、刘璐。

大 泷 六 线 鱼

1 范围

本标准给出了大泷六线鱼［*Hexagrammos otakii*（Jordan & Starks，1895）］的学名与分类、主要外部形态特征、生长与繁殖特性、细胞遗传学特性、分子遗传学特性、检测方法和判定规则。

本标准适用于大泷六线鱼种质的鉴定与检测。

2 规范性引用文件

下列文件对于本文件的应用是必不可少的。凡是注日期的引用文件，仅注日期的版本适用于本文件。凡是不注日期的引用文件，其最新版本（包括所有的修改单）适用于本文件。

GB/T 18654.2 养殖鱼类种质检验 第2部分：抽样方法

GB/T 18654.3 养殖鱼类种质检验 第3部分：性状测定

GB/T 18654.4 养殖鱼类种质检验 第4部分：年龄与生长的测定

GB/T 18654.6 养殖鱼类种质检验 第6部分：繁殖性能的测定

GB/T 18654.12 养殖鱼类种质检验 第12部分：染色体组型分析

3 学名与分类

3.1 学名

大泷六线鱼［*Hexagrammos otakii*（Jordan & Starks，1895）］。

3.2 分类地位

硬骨鱼纲（Osteichthyes），鲉形目（Scorpaeniformes），六线鱼科（Hexagrammidae），六线鱼属（*Hexagrammos*）。

4 主要外部形态特征

4.1 外形

体型中长，侧扁，长椭圆形，背缘和腹缘浅弧形。头较小，略尖突。吻中大，略尖。鳞小，栉鳞，不易脱落。身体两侧各有5条侧线：第一侧线、第二侧线位于背鳍鳍基下方；第三侧线位于体侧中部；第四侧线位于胸鳍和腹鳍间，长度稍短，不分叉；第五侧线沿腹中线延伸至臀鳍鳍基底附近分左右支，后达尾鳍基底。体黄褐色或赤褐色，背鳍鳍棘部和鳍条之间的浅凹处有黑斑，体侧有大小暗色云状斑纹，腹侧灰白色，各鳍有灰褐色斑纹。

外部形态见图1。

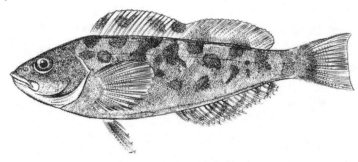

图1 大泷六线鱼外形

4.2 可数性状

4.2.1 背鳍鳍式:D. XIX～XX—20～23;臀鳍鳍式:A. 20～23;胸鳍鳍式:P. 17～18。

4.2.2 侧线鳞数(第三侧线):100～105。

4.2.3 鳃耙数:4--5│12～14。

4.3 可量性状

大泷六线鱼可量性状见表1。

表 1 实测大泷六线鱼可量性状比值

头长/吻长	头长/眼径	头长/眼间距	头长/眼后头长	体长/头长	体长/体高
2.93±0.40	4.54±0.73	3.12±0.48	1.97±0.25	3.79±0.39	3.92±0.39
体长/胸鳍长	体长/背鳍基长	体长/臀鳍基长	体长/吻至背鳍起点长度	体长/腹鳍起点至臀鳍起点长度	尾柄长/尾柄高
4.59±0.56	1.52±0.87	2.99±0.30	3.90±0.34	3.42±0.47	1.53±0.35

5 生长与繁殖特性

5.1 生长

体长(L)与体重(W)关系见式(1)。

$$W = 7.0 \times 10^{-6} L^{3.1832} (R^2 = 0.9883) \quad\cdots\cdots\cdots\cdots\cdots\cdots\cdots\cdots\quad (1)$$

不同月份大泷六线鱼的体长、体重实测值和生长参见附录A。

5.2 繁殖

5.2.1 性成熟年龄

雌、雄个体的性成熟年龄均为2龄。雌性性成熟体长为125 mm,体重为30.7 g;雄性性成熟体长为116 mm,体重为25.2 g。

5.2.2 繁殖期及产卵水温

繁殖期为10月～12月,北部早、南部晚。同一产卵群体个体较大的产卵早。水温降至18℃以下开始产卵,最适水温为12℃～15℃。

5.2.3 卵子特征

受精卵为黏性卵。

5.2.4 产卵量

分批产卵,一个繁殖季节至少产卵3次。怀卵量在0.2×10⁴ 粒～1.75×10⁴ 粒之间。

6 细胞遗传学特性

体细胞染色体数:2n=48,NF=70。大泷六线鱼染色体见图2。

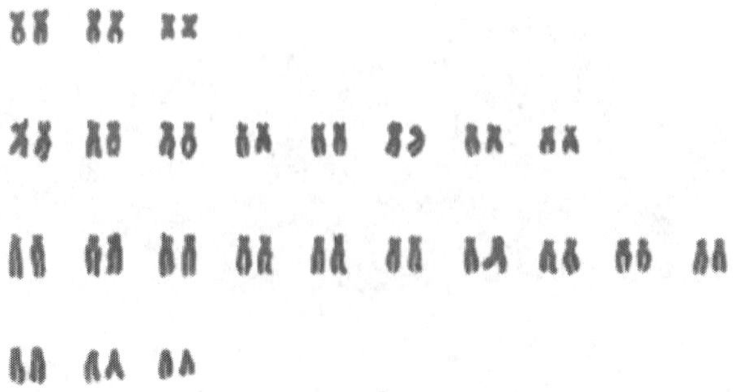

图 2 大泷六线鱼染色体

7 分子遗传学特性

大泷六线鱼的线粒体DNACOI序列如下：

CCTTTATCTA	GTATTTGGTG	CCTGAGCCGG	AATAGTGGGC	ACAGCTCTGA	50
GCCTCTTAAT	TCGAGCCGAG	CTAAGCCAAC	CCGGAGCCCT	CTTGGGGGAC	100
GACCAGATTT	ATAATGTAAT	TGTTACAGCG	CATGCTTTCG	TAATAATTTT	150
CTTTATAGTA	ATGCCAATCA	TAATCGGGGG	TTTCGGAAAC	TGACTCATCC	200
CTCTAATGAT	CGGGGCCCCA	GATATGGCAT	TTCCCCGAAT	GAATAATATG	250
AGTTTTTGAC	TCCTGCCCCC	CTCCTTCCTC	CTTCTCCTTG	CCTCTTCTGG	300
GGTAGAAGCT	GGGGCCGGAA	CCGGGTGAAC	CGTTACCCC	CCTCTGTCTG	350
GTAACCTAGC	ACACGCCGGG	GCCTCTGTTG	ACCTGACAAT	TTTCTCCCTA	400
CATCTTGCAG	GGATTTCATC	TATTCTAGGT	GCAATTAATT	TTATCACGAC	450
CATTATTAAT	ATGAAACCCC	CCGCCATTTC	TCAGTACCAA	ACCCCCTGT	500
TTGTGTGATC	TGTACTAATC	ACTGCTGTCC	TTCTGCTCCT	CTCACTACCA	550
GTCCTTGCTG	CGGGTATTAC	TATGCTTTTA	ACAGATCGGA	ATCTTAACAC	600
CACATTCTTC	GACCCAGCAG	GCGGTGGTGA	CCCCATTCTT	TACCAACATC	650
TC					652

种内个体间遗传距离小于2%。

8 检测方法

8.1 抽样方法

按GB/T 18654.2的规定执行。

8.2 性状测定

按GB/T 18654.3的规定执行。

8.3 年龄鉴定

按GB/T 18654.4的规定执行。

8.4 怀卵量的测定

按GB/T 18654.6的规定执行。

8.5 染色体和核型检测

按GB/T 18654.12的规定执行。

8.6 分子遗传学检测

8.6.1 基因组DNA提取

取大泷六线鱼的肌肉组织剪碎，并用10%蛋白酶K消化后，按照标准的酚—氯仿抽提法或者使用试剂盒进行基因组DNA的提取。

8.6.2 引物序列

扩增引物序列为COI-F(5′-TCA ACC AAC CAC AAA GAC ATT GGC AC-3′)和COI-R(5′-TAG ACT TCT GGG TGG CCA AAG AAT CA-3′)。

8.6.3 PCR反应体系

反应体系为25 μL，每个反应体系包括1.25 U的 Taq DNA聚合酶，各种反应组分的终浓度为200 nmol/L的正反向引物，200 μmol/L的每种dNTP，10×PCR缓冲液[200 mmol/L Tris-HCl，pH 8.4；200 mmol/L KCl；100 mmol/L(NH_4)$_2$$SO_4$；15 mmol/L $MgCl_2$]2.5 μL，模板DNA 1 μL，加灭菌蒸馏水

至 25 μL。每组 PCR 均设阴性对照用来检测是否存在污染。PCR 参数包括 94℃预变性 3 min,94℃变性 45 s,52℃退火 45 s,72℃延伸 1 min,循环 35 次,然后 72℃后延伸 10 min。所有 PCR 均在热循环仪上完成。

8.6.4 测序

扩增产物经纯化后直接测序,为了保证序列的准确性,对所有样品均进行双向测序。

8.6.5 遗传距离

使用 MEGA 软件计算种内个体间的遗传距离。

9 判定规则

检测结果不符合第 4 章、第 6 章中任何一章要求的,则判定为不合格项,有不合格项的样品为不合格样品。

附 录 A

（资料性附录）

大泷六线鱼体长、体重实测值及生长方程式

A.1 大泷六线鱼不同月份的体长和体重实测值

见表 A.1。

表 A.1 大泷六线鱼不同月份的体长和体重实测值

体长范围 mm	体重范围 g
118～227	26.0～212.0
103～170	12.0～69.9
95～121	12.6～27.5
99～215	14.7～183.3
57～245	3.0～266.1
63～198	3.0～152.9
69～182	4.9～115.6
80～192	8.3～110.6
75～192	6.9～112.5
72～174	5.3～95.2
67～111	3.6～19.6
94～227	11.6～186.7

A.2 生长

拟合荣成俚岛大泷六线鱼的 von Bertalanffy 体长、体重生长方程为：

体长生长方程见式（A.1）。

$$L_t = 250.5 \times [1 - e^{-0.43(t+0.31)}] \quad\cdots\cdots\cdots\cdots\cdots\cdots\cdots\cdots\cdots\cdots\cdots\cdots\cdots (A.1)$$

体重生长方程见式（A.2）。

$$W_t = 302.7 \times [1 - e^{-0.43(t+0.31)}]^{3.1832} \quad\cdots\cdots\cdots\cdots\cdots\cdots\cdots\cdots (A.2)$$

其体长生长曲线和体重生长曲线见图 A.1。

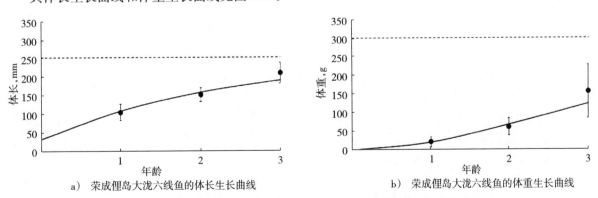

a）荣成俚岛大泷六线鱼的体长生长曲线　　　　b）荣成俚岛大泷六线鱼的体重生长曲线

图 A.1 荣成俚岛大泷六线鱼的体长生长曲线和体重生长曲线

ICS 65.150
B 51

中华人民共和国水产行业标准

SC/T 2074—2017

刺参繁育与养殖技术规范

Technical specifications for sea cucumber breeding and culture

2017-06-12 发布

2017-10-01 实施

中华人民共和国农业部 发布

前　言

本标准按照 GB/T 1.1—2009 给出的规则起草。

请注意本文件的某些内容可能涉及专利。本文件的发布机构不承担识别这些专利的责任。

本标准由农业部渔业渔政管理局提出。

本标准由全国水产标准化技术委员会海水养殖分技术委员会(SAC/TC 156/SC 2)归口。

本标准起草单位:中国水产科学研究院黄海水产研究所、大连海洋大学、大连市海洋渔业协会、大连壹桥海洋苗业股份有限公司、大连棒棰岛海产股份有限公司。

本标准主要起草人:谭杰、孙慧玲、宋坚、张岩、张天时、燕敬平、于东祥、徐志宽、迟飞跃、吴岩强。

刺参繁育与养殖技术规范

1 范围

本标准规定了刺参[*Apostichopus japonicus*(Selenka,1867)]的苗种繁育、池塘养殖、底播养殖和筏式吊笼养殖的技术和要求。

本标准适用于刺参的人工繁育及养成。

2 规范性引用文件

下列文件对于本文件的应用是必不可少的。凡是注日期的引用文件,仅注日期的版本适用于本文件。凡是不注日期的引用文件,其最新版本(包括所有的修改单)适用于本文件。

NY 5052　无公害食品　海水养殖用水水质

NY 5072　无公害食品　渔用配合饲料安全限量

NY 5362　无公害食品　海水养殖产地环境条件

SC/T 2003　刺参　亲参和苗种

SC/T 2037　刺参配合饲料

3 术语和定义

下列术语和定义适用于本文件。

3.1

中间培育　nursery culture

将规格为$2×10^5$头/kg～$2×10^4$头/kg的苗种,培育到规格为2 000头/kg以上的大规格苗种的过程。

3.2

性腺指数　gonad index

性腺鲜重占总体重的百分比。

4 苗种繁育

4.1 环境条件

应符合NY 5362的规定,应选择在无大量淡水注入的海区,水质应符合NY 5052的规定,盐度26～32,pH 7.5～8.6为宜。

4.2 设施条件

4.2.1 培育池

以长方形为宜,容积10 m³～30 m³,池深1.0 m～1.5 m。

4.2.2 设施

应有控温、充气、控光、进排水和水处理设施。

4.3 亲参

4.3.1 来源

采用人工控温促熟的亲参或自然成熟的亲参。质量应符合SC/T 2003的规定。

4.3.2 人工促熟

4.3.2.1 水温调节

每日升温 0.5℃～1℃,逐步升到 15℃～17℃后,恒温培育。

4.3.2.2 密度

以 15 头/m³～30 头/m³ 为宜。

4.3.2.3 投喂

配合饲料日投喂量控制在亲参体重的 3%～5% 为宜,按一定比例混合海泥投喂(配合饲料∶海泥＝1∶2～1∶5),配合饲料应符合 SC/T 2037 和 NY 5072 的规定,海泥应符合 NY 5362 的规定。

4.3.2.4 日常管理

日换水量为水体的 50%～100%,每 3 d～5 d 倒池一次,同时清除池内亲参粪便和其他污物。溶解氧应控制在 5 mg/L 以上,光照强度应控制在 2 000 lx 以内。

4.3.3 自然成熟亲参

4.3.3.1 采捕时间

当海水水温上升至 15℃～17℃时,抽样检查性腺指数,当 50% 以上的个体性腺指数达到或超过 10%,开始采捕亲参。

4.3.3.2 水温调节

亲参入池水温应控制在 15℃～18℃,与采捕海区水温的温差应控制在 3℃ 以内。

4.3.3.3 密度

以 15 头/m³～30 头/m³ 为宜。

4.3.3.4 投喂

蓄养时间少于 7 d,亲参一般不投喂饲料。时间长于 7 d,应投喂饲料,投喂方式同 4.3.2.3。

4.3.3.5 日常管理

日常管理同 4.3.2.4。

4.4 采卵及授精

当发现部分亲参在水体表层沿池壁活动频繁,或者已出现少量雄参排精时,即可做好采卵准备。可采取自然排放或人工刺激的方式获得精卵。人工刺激宜在傍晚进行,将亲参阴干 45 min～60 min,流水刺激 10 min～15 min,然后注入比原培育水温高 3℃～5℃的过滤海水。发现雄参排精后即捞出,以避免精子过多。当卵子浓度达到 10 个/mL～30 个/mL 时,将亲参全部捞出。

4.5 孵化

孵化水温 18℃～25℃,应持续微量充气或搅动,使受精卵均匀分布。

4.6 浮游幼体培育

4.6.1 选优布池

采用拖网或虹吸浓缩法选择上浮小耳幼体,选优网箱用孔径 48 μm～75 μm 的尼龙筛绢制作。布池密度控制在 0.1 个/mL～0.3 个/mL。

4.6.2 饵料投喂

饵料种类主要有角毛藻、盐藻、小新月菱形藻、三角褐指藻等。日投饵 2 次～4 次,小耳幼体 2.5×10⁴ 细胞/mL～3.0×10⁴ 细胞/mL,中耳幼体 3.0×10⁴ 细胞/mL～3.5×10⁴ 细胞/mL,大耳幼体 3.5×10⁴ 细胞/mL～4.0×10⁴ 细胞/mL。也可采用面包酵母或海洋红酵母作为代用饵料,代用饵料可以单独投喂,也可以和单细胞藻类混合投喂。单独采用酵母作为饵料时,日投饵量为 2.0×10⁴ 细胞/mL～4.0×10⁴ 细胞/mL。

4.6.3 日常管理

小耳幼体刚入池时,培育池仅注水 1/2 左右,以后每天加水 10 cm～15 cm,待水位达到池深的

80%～85%后,开始每日换水 1 次,换水量为 25%～50%,温差应小于 1℃;培育期间持续微量充气。水温保持在 18℃～23℃,溶解氧保持在 5 mg/L 以上,光照强度控制在 2 000 lx 以内。

4.7 稚幼参培育

4.7.1 附着

在大耳幼体后期五个初级口触手出现至樽形幼体出现期间放置附着基。附着基材料可采用聚乙烯薄膜、聚乙烯波纹板、聚乙烯网片等,附着基布池密度见表 1。

表 1 不同附着基布池密度

附着基种类	附着基表面积与池底面积比例
波纹板	10:1～25:1
筛绢网片	10:1～22:1
塑料薄膜	8:1～10:1

4.7.2 饲料种类和投喂量

稚幼参饲料宜采用鼠尾藻粉、马尾藻粉、石莼粉、人工配合饲料和海泥。稚参阶段,藻粉或配合饲料与海泥的比例为 1:1～1:4,幼参阶段,藻粉或配合饲料与海泥的比例为 1:4～1:7。藻粉或配合饲料的投喂量为稚幼参体重的 5%～10%,根据摄食情况适当调整。配合饲料应符合 SC/T 2037 和 NY 5072 的规定。

4.7.3 剥苗和分苗

投放附着基 30 d～60 d 后,将稚幼参从附着基上剥离并分苗,培育密度见表 2。

表 2 不同规格稚参的培育密度

规格 10^4 头/kg	分苗密度 头/m^3
20～40	15 000～30 000
10～20	7 000～15 000
2～10	4 000～7 000

4.7.4 倒池

分苗后根据水质、水温、苗种密度、病害等情况,3 d～15 d 倒池一次。

4.7.5 水质管理

可通过换水、流水和倒池相结合的方式实现培育用水的更新交换,日换水量为 50%～200%。

4.7.6 充气

持续微量充气,溶解氧≥5 mg/L。

4.7.7 光照

应控制在 2 000 lx 以内,光线应均匀。

4.8 中间培育

4.8.1 室内中间培育

4.8.1.1 设施

同 4.2。

4.8.1.2 水温调控

水温维持在 10℃～17℃。

4.8.1.3 日常管理

饲料投喂、倒池、水质管理、充气和光照控制等同 4.7。

4.8.1.4 分苗

当幼参个体之间大小差异明显，应用不同规格网目的筛子将参苗分离，按不同规格分别进行培育，根据规格及时调整密度。

4.8.2 室外网箱中间培育

4.8.2.1 选址

可选择池塘或内湾。环境条件应符合 NY 5362 的规定，应选择在无大量淡水注入的海区，水质应符合 NY 5052 的规定，表层水温 5℃～30℃，盐度 26～32，pH 7.5～8.6 为宜。池塘宜采用长方形，面积因地制宜，水深为 1.5 m～3 m，应配有进排水系统及增氧系统。内湾低潮时水深应在 4 m 以上，涨落潮水流流速缓慢，风浪较小。

4.8.2.2 设施

4.8.2.2.1 网箱的选择

网箱规格一般为（2～5）m×（1～5）m×（1～2）m，网箱的网衣为无结节网片。放养 $1×10^5$ 头/kg～$2×10^4$ 头/kg 的参苗用孔径 250 μm 的网衣；放养 $2×10^4$ 头/kg～$1×10^4$ 头/kg 的参苗用孔径 380 μm 的网衣；放养 $1×10^4$ 头/kg～3 000 头/kg 的参苗用孔径 550 μm 的网衣。网箱上方加盖黑色遮阳网。

4.8.2.2.2 网箱的设置

在池塘或内湾中设置浮筏，浮筏上放置网箱，多个网箱串联成一排，箱距 0.5 m 左右，排距 4 m～5 m。网箱总表面积不宜超过池塘面积的 25％。

4.8.2.2.3 附着基

波纹板、聚乙烯网片或尼龙网片。

4.8.2.3 投苗

当室内水温与池塘水温温差小于 3℃时，以 3 000 头/m³～7 000 头/m³ 的密度投放参苗。

4.8.2.4 投饵

根据水质和附着基上附着饵料的情况投饵，日投喂量为参苗体重的 2％～10％。

4.8.2.5 倒箱

根据箱中残饵、粪便和附着物情况，宜 15 d～25 d 更换网箱和附着基一次，倒箱时彻底洗刷、暴晒网箱，将参苗按规格分开培育，清除海鞘和海藻等附着物。

5 池塘养殖

5.1 选址条件

环境条件应符合 NY 5362 的规定；水质应符合 NY 5052 的规定，盐度 22～36，表层水温 −2℃～30℃，pH 7.6～8.4；底质以岩礁底、沙泥底、硬泥底或几种底质的组合为宜。

5.2 养殖池塘

池形宜采用长方形，面积因地制宜，水深为 1.5 m～3 m，应配有进排水系统及增氧系统。

5.3 参礁的设置

可采用石块、砖瓦、空心砖、扇贝笼、聚乙烯网和各种人造刺参礁等，参礁的数量为 300 m³/hm²～1 500 m³/hm²，堆放成堆形或垄形。

5.4 放苗前的准备工作

新建池塘应进水浸泡 2 个潮次，每次浸泡 3 d；旧池塘在放苗前应将积水排净，清除池底污物，封闸晒池数日。在放苗前 1 个月～1.5 个月适量进水，使整个池塘及参礁全部淹没，用漂白粉 5 mg/L～20 mg/L 或生石灰 1 500 kg/hm²～3 000 kg/hm² 全池泼洒消毒，并进水浸泡一周后排干，重新注入 30 cm～50 cm 海水，采用有机肥或无机肥培育基础饵料，并在放苗前逐渐注满池水。

5.5 苗种投放

放苗时水温宜在10℃～20℃,大风、降雨天气不宜放苗,苗种质量应符合 SC/T 2003 的规定,各规格苗种适宜放苗密度如表3所示;大规格参苗可直接投放到参礁上;小规格参苗可装入尼龙网袋中并放入小石块,网袋微扎半开口投放到参礁上,让参苗自行从网袋中爬出;在养殖过程中应根据采捕情况及时补苗。

表3 池塘养殖不同规格参苗放苗密度

规格 头/kg	放苗数量 头/m²
1 000～2 000	15～20
200～1 000	10～15
<200	5～10

5.6 饲料投喂

以培育天然饵料为主,在春、秋季天然饵料不足时,适量投喂人工配合饲料。配合饲料应符合 SC/T 2037 和 NY 5072 的规定。

5.7 日常管理

日换水量宜在10%～60%之间。春、秋季水位保持在1 m～1.5 m,夏、冬季水位保持在2 m左右;坚持早、晚巡池,观察、检查刺参的摄食、生长、活动情况,重点监测水温、盐度、溶解氧、pH等水质指标,并做好记录;雨季要防止淡水大量流入,大雨期间和大雨过后要及时排出淡水。

6 底播养殖

6.1 环境条件

应选择在潮流畅通、波浪平缓、水质清新的内湾或湾口,水深应为3 m～15 m,远离工业区和港口,环境条件应符合 NY 5362 的规定,水质应符合 NY 5052 的规定,盐度22～36,表层水温0℃～30℃,pH 7.6～8.4,溶解氧＞5 mg/L,底质以岩礁、乱石底质或有大型藻类繁生的沙泥底质为宜,底质的含泥量低于20%。

6.2 参礁设置

可采用石块、沉船、大型水泥筑件、装满扇贝壳或牡蛎壳的网袋等在海底构建参礁。

6.3 苗种投放

水温8℃～15℃时,宜选择低潮或平潮期放苗,放苗时,由潜水员把参苗直接投放到参礁上。苗种规格应不低于2×10⁴头/kg,放苗密度8头/m²～10头/m²,苗种质量应符合 SC/T 2003 的规定。

6.4 日常管理

定期由潜水员潜水观察刺参生长、存活、分布、藻场、粪便、敌害和参礁等情况,清除海星、日本蟳、梭子蟹等敌害生物。

7 筏式吊笼养殖

7.1 环境条件

环境条件应符合 NY 5362 的规定,选择潮流畅通、避风条件好,无大量淡水注入的海区。水质应符合 NY 5052 的规定。水深应为4 m～10 m,盐度22～36,pH7.6～8.4,溶解氧＞5 mg/L,透明度0.2 m～3 m,海区流速＜1.5 m/s。

7.2 设施

7.2.1 筏架或浮筏

筏架由木板用螺栓、钢板连接成框架,一般规格(3～5)m×(3～5)m,用泡沫塑料做成浮子。在框架中间固定数根木条或毛竹,木条或毛竹间隔60 cm左右,每根木条或毛竹每隔60 cm挂1笼。

浮筏由浮绠、浮漂、固定橛、橛缆等组成。

7.2.2 参笼

用聚乙烯制成,长方形或椭圆形,每笼5层～6层,每层在一边开一个可活动的窗口,笼子四周开有若干0.5 cm～1 cm的孔,层与层用聚乙烯绳子串联固定。

7.3 苗种放养

水温15℃～20℃时放苗,放苗密度以300头/m³～500头/m³为宜,苗种规格为20头/kg～30头/kg,质量应符合SC/T 2003的规定。

7.4 日常管理

3 d～4 d投喂一次,以浸泡2 d～3 d的干海带为主,次投喂量为刺参体重的20%～70%,根据摄食情况调整。投饵前应清洗参笼;每15 d～40 d分苗一次,根据刺参生长情况调整养殖密度。

ICS 65.150
B 51

中华人民共和国水产行业标准

SC/T 2075—2017

中国对虾繁育技术规范

Technological specification of breeding for Chinese shrimp

2017-06-12 发布

2017-10-01 实施

中华人民共和国农业部 发布

前　言

本标准按照 GB/T 1.1—2009 给出的规则起草。

请注意本文件的某些内容可能涉及专利。本文件的发布机构不承担识别这些专利的责任。

本标准由农业部渔业渔政管理局提出。

本标准由全国水产标准化技术委员会海水养殖分技术委员会(SAC/TC 156/SC 2)归口。

本标准起草单位:中国水产科学研究院黄海水产研究所。

本标准主要起草人:张天时、王清印、谭杰、李素红、赵法箴。

中国对虾繁育技术规范

1 范围

本标准规定了中国对虾［*Fenneropenaeus chinensis*（Osbeck，1765）］繁育的环境条件，亲虾越冬和培育，人工繁育，虾苗出池及运输的技术要求。

本标准适用于中国对虾的人工繁育。

2 规范性引用文件

下列文件对于本文件的应用是不可少的。凡是注日期的引用文件，仅注日期的版本适用于本文件。凡是不注日期的引用文件，其最新版本（包括所有的修改单）适用于本文件。

GB 11607 渔业水质标准

GB/T 15101.1 中国对虾 亲虾

GB/T 15101.2 中国对虾 苗种

NY 5052 无公害食品 海水养殖用水水质

NY 5071 无公害食品 渔用药物使用标准

NY 5072 无公害食品 渔用配合饲料安全限量

NY 5362 无公害食品 海水养殖产地环境条件

3 环境条件

3.1 场地环境

应符合 NY 5362 的规定。

3.2 水质条件

水源水质应符合 GB 11607 的要求。养殖水体水质应符合 NY 5052 的要求。

4 亲虾越冬和培育

4.1 越冬设施

应包括越冬池、控温、调光、充气、水处理及进排水系统等设施。亲虾越冬池体积宜为 30 m³ ～ 100 m³，池深宜为 1.5 m～2.0 m。亲虾入池前应对培育池、工具等进行严格的消毒。

4.2 亲虾选择

亲虾的来源和质量应符合 GB/T 15101.1 的规定。

4.3 放养密度

充气池宜放养 10 尾/m²～15 尾/m²。

4.4 水温调控

亲虾入池初期，自然水温降至 8℃时开始控温。越冬期间水温保持在 8℃～10℃，保持水温稳定，日温差不超过 0.5℃。

4.5 饵料

越冬期投喂活沙蚕和贝类等饵料。日投喂量为亲虾体重的 3%～5%，可根据具体摄食情况进行增减，日投饵 2 次。

4.6 水质调控

越冬期水质指标要求见表1。应保持盐度的稳定,日突变差不超过3。

表1 中国对虾亲虾越冬水质条件

项目	指标
盐度	25～35
氨氮	≤0.5 mg/L
pH	8.0～8.6
溶解氧	≥5.0 mg/L
亚硝酸盐氮	≤0.1 mg/L

4.7 光照强度

越冬期光照强度不大于500 lx。可根据所需产卵时间适当增减光照强度和时间。

4.8 强化培育

产卵前30 d开始逐渐提升水温至14℃,产卵前15 d保持14℃～16℃。每天升温范围以不超过1℃为限。随着水温逐步升高,投饵量增加到体重的8%～10%,最高可达15%,分2次～3次投喂。

4.9 病害防治

参照附录A的规定执行。

5 人工繁育

5.1 设施

繁育池为室内水泥池,面积宜为20 m²～50 m²,池深宜为1.2 m～2.0 m。应有控温、充气和进排水设施。

5.2 产卵和孵化

亲虾产卵的适宜水温为16℃～18℃。亲虾产卵后,用虹吸或放水集卵,然后用干净海水反复冲洗受精卵5 s～10 s后置于繁育池孵化。繁育池布卵密度宜为$3×10^5$粒/m³～$5×10^5$粒/m³,水深宜1.0 m,并缓慢调节水温为18℃～20℃,日升温幅度不超过1℃。孵化期间连续充气,充气量不宜太大,水面有微波即可。每隔2 h搅卵一次,使沉卵浮起。

5.3 幼体培育

5.3.1 无节幼体期

无节幼体密度控制在$2×10^5$尾/m³～$3×10^5$尾/m³。当无节幼体发育到Ⅱ期～Ⅲ期,水温应逐步升高到20℃～22℃,向池内接种小球藻、三角褐指藻或角毛藻等单胞藻,接种量为$1×10^4$ cell/mL～$2×10^4$ cell/mL。

5.3.2 溞状幼体期

适宜水温为22℃～24℃。保持单胞藻密度为$1.5×10^5$ cell/mL左右。第Ⅱ期每天每尾幼体投喂褶皱臂尾轮虫10个～15个,第Ⅲ期每天每尾幼体投喂刚孵出的卤虫幼体3个～5个。

5.3.3 糠虾幼体期

适宜水温在25℃～26℃。保持单胞藻密度$2×10^4$ cell/mL～$3×10^4$ cell/mL。第Ⅰ期每天每尾幼体投喂卤虫幼体10个～20个,Ⅱ期～Ⅲ期每天每尾幼体投喂卤虫幼体20个～30个。

5.3.4 仔虾期

适宜水温在25℃～26℃。Ⅰ期～Ⅱ期每天每尾幼体投喂卤虫无节幼体70个～100个。Ⅲ期后投喂绞碎、洗净的小块蛤肉、鱼糜或微粒配合饵料,每天每万尾幼体投喂蛤肉和鱼糜10 g～15 g,日投喂6次～8次;每天每万尾幼体投喂微粒配合饵料3 g～5 g,日投喂4次～6次。微粒配合饵料应符合NY 5072的要求。有条件的地区也可投喂卤虫。

5.3.5 日常管理

繁育池刚布卵时,注水宜50%左右,以后每天水位宜提升10 cm～15 cm,至溞状幼体第Ⅱ期,水深宜升至1.4 m～1.5 m。溞状幼体第Ⅲ期后开始换水,日换水量宜为20%～30%;糠虾幼体期日换水量宜30%～50%;仔虾期日换水量不少于50%;换水时,温差小于1℃;培育期间持续微量充气。每天定时监测,记录光照强度、盐度、溶解氧、氨氮、亚硝酸盐氮和pH等,培育条件见表2。注意观察虾苗健康情况,记录幼体密度,出现问题及时处理。疾病防治参照附录A执行。

表2 中国对虾苗种工厂化培育条件

项目	指标	项目	指标
光照强度	500 lx～2 200 lx	盐度	25～35
溶解氧	≥5.0 mg/L	氨氮	≤0.6 mg/L
亚硝酸盐氮	≤0.1 mg/L	pH	8.0～8.6

6 虾苗出池及运输

虾苗出池前2 d～3 d,使水温逐步下降至室温。通过排水用集苗槽收集虾苗,集中于容器中计数后运输。虾苗质量和运输应符合GB/T 15101.2的规定。

附　录　A
（资料性附录）
中国对虾亲虾和苗种常见疾病防治

A.1　亲虾常见疾病防治

A.1.1　细菌性疾病防治

A.1.1.1　投饵勿过量,多投活饵,加大换水量,保持水质清洁。

A.1.1.2　定期使用含有效碘1%的聚维酮碘1 mg/L～2 mg/L全池均匀泼洒,或使用适宜剂量的其他国标渔药。

A.1.2　寄生虫病防治

A.1.2.1　防止亲虾受伤。

A.1.2.2　发现病虾应及时进行隔离。

A.1.2.3　用高锰酸钾10 mg/L药浴,浸洗3 h。

A.2　苗种疾病防治

A.2.1　清除繁育水体内死伤虾苗,经常吸污换水。

A.2.2　卤虫卵用含有效碘1%的聚维酮碘10 mg/L～30 mg/L浸泡15 min～30 min,充分冲洗后进行孵化。

A.2.3　鱼、贝等动物性饵料应确保来源安全,不含病原、有毒、有害物质。

A.3　药物使用

渔药的使用按 NY 5071 的规定执行。

ICS 65.150
B 51

中华人民共和国水产行业标准

SC/T 2076—2017

钝吻黄盖鲽　亲鱼和苗种

Marbled flounder—Brood stock, fry and fingerling

2017-06-12 发布
2017-10-01 实施

中华人民共和国农业部 发布

前　言

本标准按照 GB/T 1.1—2009 给出的规则起草。

请注意本文件的某些内容可能涉及专利。本文件的发布机构不承担识别这些专利的责任。

本标准由农业部渔业渔政管理局提出。

本标准由全国水产标准化技术委员会海水养殖分技术委员会(SAC/TC 156/SC 2)归口。

本标准起草单位:中国水产科学研究院黄海水产研究所、威海市环翠区海洋与渔业研究所、威海圣航水产科技有限公司。

本标准主要起草人:张岩、肖永双、张天时、张辉、原永党、宋宗诚、刘琪、张豫、李素红。

钝吻黄盖鲽　亲鱼和苗种

1　范围

本标准规定了钝吻黄盖鲽[*Pseudopleuronectes yokohamae*(Günther,1877)]亲鱼和苗种的来源、质量要求、检验方法、检验规则、苗种计数和运输要求。

本标准适用于钝吻黄盖鲽亲鱼和苗种的质量评定。

2　规范性引用文件

下列文件对于本文件的应用是必不可少的。凡是注日期的引用文件,仅注日期的版本适用于本文件。凡是不注日期的引用文件,其最新版本(包括所有的修改单)适用于本文件。

GB/T 18654.1　养殖鱼类种质检验　第1部分:检验规则

GB/T 18654.2　养殖鱼类种质检验　第2部分:抽样方法

GB/T 18654.3　养殖鱼类种质检验　第3部分:性状测定

GB/T 18654.4　养殖鱼类种质检验　第4部分:年龄与生长的测定

GB/T 20361　水产品中孔雀石绿和结晶紫残留量的测定　高效液相色谱荧光检测法

GB/T 21311　动物源性食品中硝基呋喃类药物代谢物残留量检测方法　高效液相色谱/串联质谱法

GB/T 26620　钝吻黄盖鲽

NY 5362　无公害食品　海水养殖产地环境条件

SC/T 2039　海水鱼类鱼卵、苗种计数方法

SC/T 3018　水产品中氯霉素残留量的测定　气相色谱法

SC/T 7214.1　鱼类爱德华氏菌检测方法　第1部分:迟缓爱德华氏菌

3　亲鱼

3.1　亲鱼来源

3.1.1　捕自自然海区的亲鱼。

3.1.2　由自然海区捕获的苗种或由国家级或省级原(良)种场提供的苗种,经人工养殖培育的亲鱼。

3.2　质量要求

3.2.1　种质

应符合GB/T 26620的规定。

3.2.2　年龄

雄性亲鱼2龄～6龄,雌性亲鱼3龄～6龄。

3.2.3　外观

鱼体完整,体色正常,无畸形,活力强,反应灵敏,集群性好。

3.2.4　体长和体重

雄鱼体长250 mm以上,体重300 g以上;雌鱼体长300 mm以上,体重400 g以上。

4　苗种

4.1　苗种来源

符合第 3 章规定的亲鱼繁育的苗种。

4.2 苗种规格

苗种规格见表 1。

表 1 苗种规格

规格分类	全长,mm	体重,g
小规格苗种	50～80	2～8
大规格苗种	＞80	＞8

4.3 苗种质量

4.3.1 外观

体型、体色正常,规格整齐,无伤残,伏底,活力强,对外界刺激反应灵敏。

4.3.2 质量

全长合格率、体重合格率、伤残率、畸形率应符合表 2 的要求。

表 2 苗种质量要求

单位为百分率

项目	小规格苗种	大规格苗种
全长合格率	≥90	≥95
体重合格率	≥90	≥95
伤残率	≤3	≤1
畸形率	≤1	≤0.5

4.3.3 检疫

不得检出迟缓爱德华氏菌等病。

4.3.4 安全指标

不得检出氯霉素、硝基呋喃类代谢物和孔雀石绿等禁用药物。

5 检验方法

5.1 亲鱼检验

5.1.1 来源

查阅亲鱼培育档案和繁殖生产记录。

5.1.2 种质

按 GB/T 26620 的规定执行。

5.1.3 年龄

可采用鳞片或鳍条,按 GB/T 18654.4 的规定执行;原(良)种场提供的亲鱼可查验生产记录。

5.1.4 外部形态

在充足自然光下肉眼观察。

5.1.5 体长和体重

按 GB/T 18654.3 的规定执行。

5.2 苗种检验

5.2.1 外观

把苗种放入便于观察的容器中,加入适量水,在充足自然光下肉眼观察,逐项记录。

5.2.2 全长合格率和体重合格率

按 GB/T 18654.3 的规定测量全长和体重,计算全长和体重合格率。

5.2.3 伤残率、畸形率

在充足自然光下肉眼观察,统计伤残和畸形个体,计算求得伤残率和畸形率。

5.2.4 检疫

迟缓爱德华氏菌的检疫按 SC/T 7214.1 的规定执行。

5.2.5 安全指标

氯霉素按 SC/T 3018 的规定执行,硝基呋喃类代谢物按 GB/T 21311 的规定执行,孔雀石绿按 GB/T 20361 的规定执行。

6 检验规则

6.1 亲鱼

每批亲鱼检验应按照检验方法逐尾进行。

6.2 苗种

6.2.1 抽样

每一次检验应随机取样 100 尾以上,全长测量应在 30 尾以上,抽样方法按 GB/T 18654.2 的规定执行。

6.2.2 组批

一次交货或一个育苗池为一个检验批,一个检验批应取样检验 2 次以上,取其平均数为检验值。

6.3 判定规则

按 GB/T 18654.1 的规定执行。

6.4 复检规则

按 GB/T 18654.1 的规定执行。

7 苗种计数

按 SC/T 2039 的规定执行。

8 运输

8.1 亲鱼

运输前应停食 1 d～2 d。运输用水应符合 NY 5362 的要求,宜采用活水车加塑料筐或泡沫箱内装塑料袋加水充氧运输,运输温度为 10℃～12℃,运输时间控制在 10 h 以内为宜。

8.2 苗种

苗种运输前应停食 1 d。运输用水应符合 NY 5362 的要求,宜采用活水车或泡沫箱内装塑料袋加水充氧运输,运输温度为 13℃～15℃,运输时间宜小于 10 h,夏季应采取降温措施。

ICS 65.150
B 51

中华人民共和国水产行业标准

SC/T 2077—2017

漠 斑 牙 鲆

Southern flounder

2017-06-12 发布

2017-10-01 实施

中华人民共和国农业部 发布

前　言

本标准按照 GB/T 1.1—2009 给出的规则起草。

请注意本文件的某些内容可能涉及专利。本文件的发布机构不承担识别这些专利的责任。

本标准由农业部渔业渔政管理局提出。

本标准由全国水产标准化技术委员会海水养殖分技术委员会(SAC/TC 156/SC 2)归口。

本标准起草单位:中国水产科学研究院黄海水产研究所。

本标准主要起草人:刘萍、李鹏飞、高保全、孟宪亮、柳学周、徐永江。

漠 斑 牙 鲆

1 范围

本标准给出了漠斑牙鲆[*Paralichthys lethostigma*（Jordan & Gilbert，1884）]的学名与分类、主要形态特征、生长与繁殖、细胞遗传学特征、分子遗传学特征、检测方法及判定规则。

本标准适用于漠斑牙鲆种质鉴定和检测。

2 规范性引用文件

下列文件对于本文件的应用是必不可少的。凡是注日期的引用文件，仅注日期的版本适用于本文件。凡是不注日期的引用文件，其最新版本（包括所有的修改单）适用于本文件。

GB/T 18654.2　养殖鱼类种质检验　第2部分：抽样方法

GB/T 18654.3　养殖鱼类种质检验　第3部分：性状测定

GB/T 18654.12　养殖鱼类种质检验　第12部分：染色体组型分析

3 学名与分类

3.1 学名

漠斑牙鲆 *Paralichthys lethostigma*（Jordan & Gilbert，1884）。

3.2 分类地位

硬骨鱼纲（Osteichthyes），鲽形目（Pleuronectiformes），牙鲆科（Paralichthyidae），牙鲆属（*Paralichthys*）。

4 主要形态特征

4.1 外部形态

漠斑牙鲆体形呈扁平、卵圆形，两眼位于头部左侧。变态前双眼分别位于身体两侧，随着仔稚鱼生长，右侧的眼睛逐渐移向左侧。变态完成后，开始营底栖生活，无眼侧（体右侧，腹部）贴底，有眼侧（左侧，背部）朝上。漠斑牙鲆有眼侧呈浅褐色，体表颜色明暗相间，并混合着一些不规则的棕褐色斑点，无眼侧为乳白色。体腔小，无鳔。漠斑牙鲆外观形态见图1。

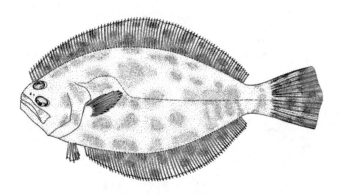

图 1　漠斑牙鲆外形

4.2 可数性状

4.2.1　背鳍条数为80条～95条，胸鳍条数为11条～13条，臀鳍条数为63条～74条，尾鳍数为17条。

4.2.2 第一鳃弓上鳃耙数为 2 个～3 个,下鳃耙数为 8 个～11 个。

4.2.3 脊椎骨 36 个～38 个。

4.3 可量性状

可量性状比值见表 1。

表 1 可量性状比值

体长/体高	体长/头长	体长/尾柄长	尾柄长/尾柄高	头长/吻长
2.02～2.42	3.49～3.91	10.56～12.20	0.61～0.87	3.09～4.29

5 生长与繁殖

5.1 年龄与生长

1 龄～2 龄个体的体长、体重见表 2。

表 2 1 龄～2 龄的体长、体重实测值及标准差

年龄 龄	体长范围 mm	平均体长±标准差 mm	体重范围 g	平均体重±标准差 g
1(雌雄混合)	153～500	362±2.54	40～1 619	829±976
2(雌雄混合)	276～624	416±10.41	249～3 255	1 804±1 452
2(雌)	335～624	426±11.18	458～3 255	1 854±1 617

5.2 繁殖

性成熟年龄约为 2 龄。雄鱼体长约 25 cm,体重 300 g～400 g;雌鱼体长约 35 cm,体重 800 g～1 000 g。雌鱼为分批成熟多次产卵类型,卵巢发育过程中卵母细胞逐渐成熟,分多次排放,较大个体雌鱼怀卵量可达 20×10^4 粒;体外受精,受精卵为浮性卵、透明,中间偏边缘有一大的油球,卵径为 0.85 mm～1.05 mm。

6 细胞遗传学特征

6.1 染色体数目

体细胞染色体数:$2n = 48$。

6.2 染色体核型

染色体核型公式:48 t,NF=48。漠斑牙鲆染色体核型见图 2。

图 2 漠斑牙鲆染色体核型图

7 分子遗传学特征

对线粒体 16 S rRNA 基因片段进行扩增和测序,获得长度为 633 bp 核苷酸序列,种内个体间遗传距离小于 2%,核苷酸序列如下:

1	CGCCTGTTTTACCAAAAACATCGCCTCTTGCAAAACATAAGTATAAGAGGTCCCGCCTGC	60
61	CCAGTGACAAGATAGTTTAACGGCCGCGGTATTTTGACCGTGCAAAGGTAGCGTAATCAC	120
121	TTGTCTTTTAAATGAAGACCCGTATGAATGGCATAACGAGGGCTTAACTGTCTCCTTCCC	180
181	CCAGTCAATGAAATTGATCTCCCCGTGCAGAAGCGGGGATAAAATCATAAGACGAGAAGA	240
241	CCCTATGGAGCTTTAGACGCAAAGACAGATCATGTCAAATACACCTAGTTATAGGCCTGA	300
301	ACTAAATGAAACCAGTCTTGATGTCTTCGGTTGGGGCGACCATGGGGAACACAAAACCCC	360
361	CACGTGGAACAGGAGTACACCCCTATCTTTCCCACCTCCTACAAACTAGAGCAACAGCTC	420
421	TAATAAGCAGAAATTCTGACCAAACTGATCCGGCAACGCCGATCAACGAATCAAGTTACC	480
481	CTAGGGATAACAGCGCAATCCCCTTTTAGAGCCCATATCGACAAGGGGGTTTACGACCTC	540
541	GATGTTGGATCAGGACATCCTAATGGTGCAGCCGCTATTAAGGGTTCGTTTGTTCAACGA	600
601	TTAAAGTCCTACGTGATCTGAGTTCAGACCGGA	633

8 检测方法

8.1 抽样方法

按 GB/T 18654.2 的规定执行。

8.2 形态性状测量

按 GB/T 18654.3 的规定执行。

8.3 染色体检测

染色体的制备、计数与核型分析按 GB/T 18654.12 的规定执行。

8.4 线粒体 16 S rRNA 基因片段的扩增

8.4.1 DNA 提取

每个个体取约 100 mg 肌肉,剪碎组织,加入 475 μL 组织匀浆缓冲液(10 mmol/L Tris‐HCl,pH=8.0;50 mmol/L EDTA,pH=8.0),充分混匀,依次加入终浓度为 10% 的 SDS 和 20 μg/mL 的蛋白酶 K,55℃裂解至澄清,用酚、酚:氯仿(1:1)和氯仿各抽提 1 次。DNA 用 1% 琼脂糖凝胶电泳检测,全自动凝胶成像系统拍照,—20℃保存备用。

8.4.2 PCR 扩增

引物:16S AR:5'‐CGCCTGTTTACCAAAAACAT‐3',16S BR:5'‐CCGGTCTAGACTCAGAT‐CACGT‐3'。

PCR 反应条件:94℃预变性 5 min,94℃变性 30 s,56℃退火 30 s,72℃延伸 1 min,30 个循环;72℃延伸 5 min。PCR 反应总体积体系为 25 μL,10×PCR buffer 2.5 μL,dNTPs 0.2 mmol/L,MgCl$_2$ 2 mmol/L,Taq 酶 1 U。引物各 0.12 μmol/L,模板 DNA 50 ng~100 ng。

PCR 扩增产物经 1.0% 琼脂糖凝胶检测,电泳缓冲液为 1×TBE(pH 8.0),电压为 4 V/cm,Genefinder 染色,于凝胶成像系统下观察并拍照记录。

8.4.3 DNA 序列测定

将 PCR 产物纯化后双向测序。

9 判定规则

检测结果不符合第 4 章、第 6 章中任意一条要求的,则判定为不合格项;有不合格项的样品为不合格样品。

ICS 67.120.30
B 50

中华人民共和国水产行业标准

SC/T 3050—2017

干海参加工技术规范

Code of practice for dried sea cucumber

2017-12-22 发布

2018-06-01 实施

中华人民共和国农业部 发布

前　言

本标准按照 GB/T 1.1—2009 给出的规则起草。

请注意本文件的某些内容可能涉及专利。本文件的发布机构不承担识别这些专利的责任。

本标准由农业部渔业渔政管理局提出。

本标准由全国水产标准化技术委员会水产品加工分技术委员会(SAC/TC 156/SC 3)归口。

本标准起草单位:中国水产科学研究院黄海水产研究所、大连棒棰岛海产股份有限公司、山东好当家海洋发展股份有限公司、山东金鲁源食品有限公司、大连财神岛集团有限公司、青岛老尹家海参股份有限公司、青岛海滨食品股份有限公司、国家水产品质量监督检验中心。

本标准主要起草人:王联珠、朱文嘉、郭莹莹、吴岩强、孙永军、江艳华、姚琳、孙晶、傅晓东、李宝叶、尹宝昌、左红和。

干海参加工技术规范

1 范围

本标准规定了干海参加工的基本条件、原辅料要求、加工过程、标签、标识、储存、生产记录和产品品质。

本标准适用于活刺参、梅花参加工干海参的生产过程。其他品种海参加工干海参的生产过程可参照执行。

2 规范性引用文件

下列文件对于本文件的应用是必不可少的。凡是注日期的引用文件,仅注日期的版本适用于本文件。凡是不注日期的引用文件,其最新版本(包括所有的修改单)适用于本文件。

GB/T 191　包装储运图示标志

GB 2721　食品安全国家标准　食用盐

GB 2733　食品安全国家标准　鲜、冻动物性水产品

GB 5749　生活饮用水卫生标准

GB 7718　食品安全国家标准　预包装食品标签通则

GB 20941　食品安全国家标准　水产制品生产卫生规范

GB 31602　食品安全国家标准　干海参

3 基本条件

选址与厂区环境、厂房和车间、设施与设备、卫生管理及生产过程的食品安全控制应符合 GB 20941 的规定。

4 原辅料要求

4.1 原料

4.1.1 活海参原料应符合 GB 2733 的规定。

4.1.2 原料进厂时,每批原料应进行验收并有记录。

4.1.3 来自不同产地或养殖场的原料应分别存放。

4.2 辅料

4.2.1 加工用水应符合 GB 5749 的规定。

4.2.2 加工用盐应符合 GB 2721 的规定。

5 加工过程

5.1 去脏

5.1.1 表面杂质较多的活海参应进行清洗,去除表面的泥沙等杂质。

5.1.2 从近尾端剖开海参腹部,切口宜占参体长度的1/3,清除海参体腔内的肠腺、生殖腺等内脏以及杂质。

5.2 清洗、初选

5.2.1 清洗去脏后海参,去除污物。

5.2.2 初选,挑出过大或过小的海参,保持规格的均匀。

5.3 预煮

5.3.1 将初选后的海参放入70℃～100℃水中预煮8 min～30 min,待海参外皮紧致、刺硬时捞出,预煮时应勤翻动,防止海参贴在锅底,及时去掉浮沫。

5.3.2 预煮后的海参可直接进入5.7干燥工序。

5.3.3 若需盐渍可进入5.4盐渍工序。

5.4 盐渍

5.4.1 将预煮后的海参捞出,放入食用级容器中,加盐拌匀常温放置8 h～12 h;海参和盐的比例宜为1:1,也可再加入饱和盐水。

5.4.2 浸泡后的盐渍海参捞出后,可直接进入5.7干燥工序。

5.4.3 不能及时加工的盐渍海参,放入－18℃以下冷库中保存备用。

5.5 脱盐

5.5.1 需要脱盐的海参,盐渍后放入低于40℃的水中,脱盐1.5 h～4 h。

5.5.2 脱盐后的海参可直接进入5.7干燥工序。

5.6 整形

将蒸煮锅内的水烧开并倒入海参,根据参体饱满度和棘的坚挺度控制蒸煮时间,1 min～5 min后捞出。

5.7 干燥

5.7.1 干燥方式可采用机械烘干或自然干燥。

5.7.2 采用机械烘干时,温度宜控制在40℃以内,并配置强流动空气辅助干燥。

5.7.3 海参平铺在干燥帘上,置于晾晒场或烘房内进行干燥,并保持通风。

5.7.4 需要时,干燥过程中可进行窀蒸,具体操作为将干海参装箱(袋)密封放置12 h～48 h,使其水分由内部向表层均匀扩散。

5.7.5 应随时检查海参的颜色、干湿度。

5.7.6 需要时,在干燥过程中,可按照5.6整形工序进行多次整形。

5.8 分选

干燥后的产品按重量、外观等进行规格、等级分选。

5.9 包装

5.9.1 产品宜排列整齐,包装内应有产品合格证。

5.9.2 内包装材料应具有一定的耐压性和韧性,包装内可添加柔软的垫材,保持干海参外观品相。

5.9.3 所用塑料袋、纸盒、瓦楞纸箱、储藏箱等包装材料应洁净、坚固、无毒、无异味,质量应符合相关食品安全标准规定。

6 标签、标识

6.1 预包装产品的标签应符合GB 7718的规定。

6.2 运输包装上的标识应符合GB/T 191的规定。

7 储存

7.1 产品应储存于干燥阴凉处,防止受潮、日晒、虫害、有害物质的污染和其他损害。

7.2 不同批次、规格的产品应分别堆垛,排列整齐,各批次、规格应标注。

7.3 堆叠作业时,应将成品置于垫架上,堆放高度以纸箱受压不变形为宜。垛与垛之间应留有一定的空隙,有利于空气循环及库温的均匀。

8 生产记录

8.1 每批进厂的原料应有产地来源或养殖场、供应单位、规格、数量和检验验收的记录。

8.2 加工过程的质量、卫生关键控制点的监控记录,纠正活动记录和验证记录,监控仪器校正记录,废品及半成品的检验记录应保留原始记录。

8.3 按批次出具合格证明,不合格产品不应出厂。

9 产品品质

生产的干海参产品质量应符合 GB 31602 的规定。

————————

ICS 67.120.30
X 20

中华人民共和国水产行业标准

SC/T 3112—2017
代替 SC/T 3112—1996

冻 梭 子 蟹

Frozen swimming crab

2017-06-12 发布
2017-10-01 实施

中华人民共和国农业部 发布

前　言

本标准按照 GB/T 1.1—2009 给出的规则起草。

本标准代替 SC/T 3112—1996《冻梭子蟹》。与 SC/T 3112—1996 相比,除编辑性修改外主要技术变化如下:

——修改了感官要求、净含量、抽样方法的规定;

——增加了安全指标、食品添加剂的规定。

请注意本文件的某些内容可能涉及专利。本文件的发布机构不承担识别这些专利的责任。

本标准由农业部渔业渔政管理局提出。

本标准由全国水产标准化技术委员会水产品加工分技术委员会(SAC/TC 156/SC 3)归口。

本标准主要起草单位:宁波市海洋与渔业研究院、中国水产舟山海洋渔业公司、浙江省水产行业协会。

本标准主要起草人:段青源、柴丽月、戎素红、邱纪时、汪杰、余匡军。

本标准所代替标准的历次版本发布情况为:

——SC/T 3112—1996。

冻 梭 子 蟹

1 范围

本标准规定了冻梭子蟹的要求、试验方法、检验规则、标签、标志、包装、运输及储存。

本标准适用于以活的或新鲜的三疣梭子蟹（*Portunus trituberculatus*）为原料,经分级、清洗和速冻而成的冷冻产品;其他梭子蟹及其制品可参照执行。

2 规范性引用文件

下列文件对于本文件的应用是必不可少的。凡是注日期的引用文件,仅注日期的版本适用于本文件。凡是不注日期的引用文件,其最新版本(包括所有的修改单)适用于本文件。

GB/T 191 包装储运图示标志

GB 2733 食品安全国家标准 鲜、冻动物性水产品

GB 2760 食品安全国家标准 食品添加剂使用卫生标准

GB 5749 生活饮用水卫生标准

GB 7718 食品安全国家标准 预包装食品标签通则

GB/T 30891—2014 水产品抽样规范

JJF 1070 定量包装商品净含量计量检验规则

3 要求

3.1 原料

应符合 GB 2733 的规定。

3.2 加工用水

应符合 GB 5749 的规定。

3.3 食品添加剂

应符合 GB 2760 的规定。

3.4 产品规格

应符合表 1 的要求。

表 1 产品规格

产品规格	特大	大	中	小
质量,g/只	>400	301～400	201～300	≤200

3.5 感官要求

单冻产品的个体间应易于分离,冰衣透明光亮。解冻后的产品感官要求应符合表 2 中的规定。

表 2 感官要求

项 目	要 求
外观	具有梭子蟹固有体色,无明显变质颜色,腹面甲壳洁白或呈浅黄褐色,有光泽。脐上部无胃印或胃印呈浅黄褐色
组织及形态	肥满度和鲜度良好。提起蟹体时螯足和步足硬直或允许下垂,用手指压腹面有坚实感。肉质有弹性,蟹黄凝固不流动或少有流散现象

表 2（续）

项　目	要　求
气味和滋味	具有新鲜梭子蟹固有的鲜、腥味，无异味、臭味。蒸煮后具有梭子蟹固有的鲜香味，肉质紧密，无氨味及其他不良气味和口味
其他	无肉眼可见的外来杂质

3.6　冻品中心温度

冻品中心温度应不高于－18℃。

3.7　安全指标

应符合 GB 2733 的规定。

3.8　净含量

预包装产品的净含量应符合 JJF 1070 的规定。

4　试验方法

4.1　感官

4.1.1　常规检验

将样品平摊于白色搪瓷盘内，置于光线充足、无异味的环境中，按3.5的要求逐项检验。

4.1.2　蒸煮试验

样品置于低于20℃的流水下，直到完全解冻。将 500 mL 饮用水置于洁净的容器中煮沸，在容器蒸屉上放入解冻洗净的样品，盖严容器，蒸煮 15 min～20 min，揭盖后嗅其气味，品尝滋味。

4.2　冻品中心温度

冻品采样后，迅速用钻头在蟹体几何中心位置上钻孔，插入温度计探头，待温度计指示读数不再降低时读数。

4.3　安全指标

按 GB 2733 规定的方法执行。

4.4　净含量

按 JJF 1070 规定的方法执行。

5　检验规则

5.1　组批规则与抽样方法

5.1.1　组批规则

在原料及生产条件基本相同的情况下，同一天或同一班组生产的产品为一批。按批号抽样。

5.1.2　抽样方法

按 GB/T 30891—2014 的规定执行。

5.2　检验分类

5.2.1　出厂检验

每批产品应进行出厂检验。出厂检验由生产单位质量检验部门执行，检验项目为感官要求、冻品中心温度、净含量。检验合格签发检验合格证，产品凭检验合格证出厂或入库。

5.2.2　型式检验

有下列情况之一时，应进行型式检验。检验项目为本标准中规定的所有项目。

    a)　长期停产恢复生产或在新的养殖、捕捞环境下捕获时；

    b)　原料、生产工艺或条件有较大变化，可能影响产品质量时；

c) 出厂检验与上次型式检验有较大差异时;

d) 国家食品监督机构提出进行型式检验要求时;

e) 正常生产时,每年至少两次的周期性检验。

5.3 判定规则

5.3.1 检验项目全部符合标准要求,则判该批产品为合格。

5.3.2 感官检验所检项目全部符合3.5规定,合格样本数符合GB/T 30891—2014中表A.1的规定,则判为批合格。

5.3.3 安全指标若有一项指标不合格,允许加倍抽样将此项指标复检一次,按复检结果判定该批产品是否合格;安全指标若有两项或两项以上指标不符合标准规定时,则判该批产品不合格。

5.3.4 净含量合格判定应符合JJF 1070的规定。

6 标签、标志、包装、运输和储存

6.1 标签、标志

6.1.1 预包装产品的标签应符合GB 7718的规定。

6.1.2 运输包装上的标志应符合GB/T 191的规定。

6.2 包装

6.2.1 所用包装材料与容器应洁净、坚固、无毒、无异味,质量应符合相关食品安全标准规定。

6.2.2 冻结后产品外套袋应为食品级塑料袋,并将袋口折转拧好。

6.2.3 外包装宜采用纸箱,内用瓦楞纸板分层衬垫,纸箱封口严密,外用塑料带捆扎。箱内应附产品合格证。

6.2.4 产品套袋及外包装应在低温或控温环境下进行。

6.3 运输

6.3.1 运输应采用冷藏车(船)在冷链下运输,运输过程中保持厢(箱)体内温度不高于—15℃。

6.3.2 运输工具应清洁卫生,无异味。装卸、运输中应防止日晒、有毒有害物质污染等,不应靠近或接触腐蚀性物质,不应与气味浓郁物品混运。

6.4 储存

6.4.1 产品应储存在不高于—18℃的冷库内。储存温度要求稳定,储存环境应清洁、卫生、无异味。

6.4.2 不同品种、不同等级和批次的产品应分别储存堆放,并用垫板垫起,堆放高度以包装材料受压不变形为宜。

ICS 67.120.30
X 20

中华人民共和国水产行业标准

SC/T 3114—2017
代替 SC/T 3114—2002

冻 螯 虾

Frozen crawfish

2017-12-22 发布

2018-06-01 实施

中华人民共和国农业部 发布

前　言

本标准按照 GB/T 1.1—2009 给出的规则起草。

本标准代替 SC/T 3114—2002《冻螯虾》。与 SC/T 3114—2002 相比，除编辑性修改外主要技术变化如下：

——修改了规格要求、感官要求、净含量规定、安全指标和抽样方法；

——增加了生产卫生规范和附录 A：冻螯虾的规格要求；

——删除了产品保质期规定。

请注意本文件的某些内容可能涉及专利。本文件的发布机构不承担识别这些专利的责任。

本标准由农业部渔业渔政管理局提出。

本标准由全国水产标准化技术委员会水产品加工分技术委员会（SAC/TC 156/SC 3）归口。

本标准起草单位：江苏省淡水水产研究所、江苏海浩兴业集团。

本标准主要起草人：张美琴、吴光红、唐建清、李军、邵俊杰。

本标准所代替标准的历次版本发布情况为：

——SC/T 3114—2002。

冻 螯 虾

1 范围

本标准规定了冻螯虾的产品分类、要求、试验方法、检验规则、标签、标志、包装、运输和储存。

本标准适用于以克氏原螯虾(*Procambarus clarkii*)为原料,经预处理或预煮、冷冻等工序加工而成的生制品或预煮制品。其他淡水螯虾产品参照执行。

2 规范性引用文件

下列文件对于本文件的应用是必不可少的。凡是注日期的引用文件,仅注日期的版本适用于本文件。凡是不注日期的引用文件,其最新版本(包括所有的修改单)适用于本文件。

GB/T 191 包装储运图示标志

GB 2733 食品安全国家标准 鲜、冻动物性水产品

GB 2760 食品安全国家标准 食品添加剂使用标准

GB 5749 生活饮用水卫生标准

GB 7718 食品安全国家标准 预包装食品标签通则

GB 10136 食品安全国家标准 动物性水产制品

GB 14881 食品安全国家标准 食品生产通用卫生规范

GB 28050 食品安全国家标准 预包装食品营养标签通则

GB/T 30891—2014 水产品抽样规范

JJF 1070 定量包装商品净含量计量检验规则

3 产品分类

3.1 冻煮螯虾

原料经清洗、整理、预煮、冷冻等工序加工而成的产品。

3.2 冻煮螯虾仁

原料经清洗、去壳、去肠腺、预煮、冷冻等工序加工而成的产品。

3.3 冻生去头螯虾(又称冻生螯虾尾)

原料经清洗、去头、冷冻等工序加工而成的产品。

3.4 冻生螯虾仁

原料经清洗、去壳、去肠腺、冷冻等工序加工而成的产品。

4 要求

4.1 原料

原料鲜活、清洁、无污染,应符合 GB 2733 的规定。

4.2 加工用水

应符合 GB 5749 的规定。

4.3 食品添加剂

生产中所用的食品添加剂的品种及用量应符合 GB 2760 的规定。

4.4 生产卫生规范

生产人员、环境、车间及设施、生产设备及卫生控制程序应符合 GB 14881 的规定。

4.5 规格

按虾仁(或整虾)个体大小划分,以 0.5 kg 所含的虾仁粒数和整虾(或虾尾)只数分规格,每一规格个体大小应基本均匀,单位净含量所含的虾仁粒数和整虾(或虾尾)只数应与标示规格相符合。冻螯虾的规格参见附录 A。

4.6 感官要求

4.6.1 冻品外观

单冻产品个体间应易于分离,冰衣透明光滑;块冻产品冻块应平整不破碎,有要求时虾体应排列整齐。虾体无干耗和软化现象。

4.6.2 解冻后感官

应符合表 1 的规定。

表 1 解冻后感官要求

项 目	预 煮 制 品		生 制 品	
	冻煮螯虾	冻煮螯虾仁	冻生去头螯虾	冻生螯虾仁
色 泽	具有冻煮螯虾固有的色泽,甲壳上无白色附着物	具有冻煮螯虾仁固有的色泽,无异色或发暗现象	具有冻生去头螯虾固有的色泽,无异色,色泽基本一致	具有冻生螯虾仁固有的色泽,无异色,色泽基本一致
气 味	具有熟虾固有的气味,或加入调味料后所特有的气味,无异味	具有熟虾仁固有的气味,无异味	具有冻螯虾固有的气味,无异味	具有冻螯虾固有的气味,无异味
组织状态	虾体完整并呈自然弯曲状,甲壳间联结膜紧密不破裂,甲壳较硬,无软壳虾,去壳后肉质紧密有弹性,虾肠内消化物应基本排尽	虾仁完整并呈自然弯曲状,组织饱满有弹性,脊背肉拖挂不超过两节或无脊背肉,去黄虾仁无块状虾生殖腺	虾背甲壳和尾扇完整,冻后呈直体状,无腹肢或修剪整齐,腹肉无损,无软壳虾,肌肉组织饱满有弹性,颈肉无虾肠和虾黄污染	虾仁完整并呈自然弯曲状,组织饱满有弹性,无脊背肉或脊背肉不拖挂,无虾肠和生殖腺
杂 质	无肉眼可见的外来杂质	无肉眼可见的外来杂质	无肉眼可见的外来杂质	无肉眼可见的外来杂质

4.7 冻品中心温度

冻品中心温度不高于-18℃。

4.8 安全指标

生制品应符合 GB 2733 的规定;预煮制品应符合 GB 10136 的规定。

4.9 净含量

预包装产品净含量应符合 JJF 1070 的规定。

5 试验方法

5.1 冻品中心温度

用经预冷的钻头钻至样品几何中心部位,取出钻头,立即插入温度计,待温度计指示温度不再下降时,记录读数。

5.2 感官检验

5.2.1 常规方法

在光线充足,无异味的环境中,将试样平置于白色搪瓷盘或不锈钢工作台上,按 4.6.1 的规定检验冻品外观;将冻品解冻后,按 4.6.2 的规定逐项进行检验。

5.2.2 蒸煮试验

在容器中加入 1 000 mL 饮用水,将水煮沸,取不少于 3 只已解冻并用清水洗净的样品,放于容器中,盖好盖子,煮沸 1 min 后,打开盖子,嗅蒸气气味,再品尝肉质。

5.3 规格

5.3.1 以单位质量只数定规格

对解冻样品称 3 份单位质量,逐个数只数。

5.3.2 以单品质量定规格

对解冻样品逐只称重。

5.4 安全指标

生制品按 GB 2733 的规定执行;预煮制品按 GB 10136 的规定执行。

5.5 净含量

按 JJF 1070 的规定执行。

6 检验规则

6.1 组批规则与抽样方法

6.1.1 组批规则

在原料及生产条件基本相同的情况下,同一天或同一班组生产的产品为一批。按批号抽样。

6.1.2 抽样方法

按 GB/T 30891 的规定执行。

6.2 检验分类

6.2.1 产品检验

产品检验分为出厂检验和型式检验。

6.2.2 出厂检验

每批产品应进行出厂检验。出厂检验由生产单位质量检验部门执行。生制品检验项目为感官、冻品中心温度、净含量;预煮制品检验项目为感官、冻品中心温度、净含量和微生物。检验合格签发检验合格证,产品凭检验合格证入库或出厂。

6.2.3 型式检验

有下列情况之一时,应进行型式检验。检验项目为本标准中规定的全部项目:

a) 停产 6 个月以上,恢复生产时;
b) 原料变化或改变主要生产工艺,可能影响产品质量时;
c) 加工原料来源或生产环境发生变化时;
d) 国家质量监督机构提出进行型式检验要求时;
e) 出厂检验与上次型式检验有大差异时;
f) 正常生产时,每年至少两次的周期性检验。

6.3 判定规则

6.3.1 感官检验所检项目全部符合 4.6 的规定,合格样本数符合 GB/T 30891—2014 中表 A.1 的规定,则判为批合格。

6.3.2 其他项目检验结果全部符合本标准要求时,则判定为合格。

6.3.3 除微生物指标外,其他指标检验结果中若有 2 项或 2 项以上指标不符合标准规定时,则判该批产品不合格;若有 1 项指标不合格,允许加倍抽样将此项指标复检 1 次,按复检结果判定该批产品是否合格。

6.3.4 微生物指标有 1 项检验结果不合格,则判该批产品为不合格,不得复检。

7 标签、标志、包装、运输、储存

7.1 标签、标志

7.1.1 预包装产品的标签应符合 GB 7718 的规定。营养标签应符合 GB 28050 的规定。

7.1.2 运输包装上的标志应符合 GB/T 191 的规定。

7.2 包装

7.2.1 包装材料

所用塑料袋、纸盒、瓦楞纸箱等包装材料应洁净、坚固、无毒、无异味，质量应符合相关食品安全标准规定。

7.2.2 包装要求

一定数量的小袋装入大袋(或盒)，再装入纸箱中。箱中产品要求排列整齐，大袋或箱中加产品合格证。纸箱底部用黏合剂粘牢，上下用封箱带粘牢或用打包带捆扎。

7.3 运输

运输工具应符合有关安全卫生要求，具备低温保藏功能，运输过程中保持厢(箱)体内温度不高于 −15℃。不得靠近或接触腐蚀性物质，不得与有毒有害及气味浓郁物品混运。

7.4 储存

7.4.1 产品应储存在干燥阴凉处，防止受潮、日晒、虫害、有害物质的污染和其他损害。

7.4.2 不同品种，不同规格，不同等级、批次的产品应分别堆垛，并用垫板垫起，与地面距离不少于 10 cm，与墙壁距离不少于 30 cm，堆放高度以纸箱受压不变形为宜。

7.4.3 储存库温度不应高于 −18℃。

附　录　A

（资料性附录）

冻螯虾的规格

冻螯虾的规格见表 A.1。

表 A.1　冻螯虾的规格要求（0.5kg/件）

产　品		规　格					
		XXXL	XXL	XL	L	M	S
冻煮螯虾	数量,只/件	≤8	8～10	9～12	11～14	13～16	16～22
	质量,g/只	≥62.5	50.0～56.3	40.9～50.0	37.5～45.0	32.1～37.5	22.5～30.0
冻煮螯虾仁	质量,g/只	—	—	≤110	111～165	166～220	≥221
冻生去头螯虾							
冻生螯虾仁							

ICS 67.120.30
X 20

中华人民共和国水产行业标准

SC/T 3208—2017
代替 SC/T 3208—2001

鱿鱼干、墨鱼干

Dried squid，dried cuttlefish

2017-06-12 发布

2017-10-01 实施

中华人民共和国农业部 发布

前　言

本标准按照 GB/T 1.1—2009 给出的规则起草。

本标准代替 SC/T 3208—2001《鱿鱼干》。与 SC/T 3208—2001 相比，除编辑性修改外，主要技术变化如下：

——修改了标准名称；

——删除了产品规格；

——修改了感官要求、理化指标和安全限量；

——增加了净含量及其检测方法。

请注意本文件的某些内容可能涉及专利。本文件的发布机构不承担识别这些专利的责任。

本标准由农业部渔业渔政管理局提出。

本标准由全国水产标准化技术委员会水产品加工分技术委员会(SAC/TC 156/SC 3)归口。

本标准起草单位：福建省水产研究所、集美大学、莆田汇丰食品有限公司。

本标准主要起草人：刘智禹、吴靖娜、刘光明、苏永昌、刘淑集、林志良、苏捷、王茵、姜双城、吴成业。

本标准所代替标准的历次版本发布情况为：

——SC/T 3208—1988、SC/T 3208—2001。

鱿鱼干、墨鱼干

1 范围

本标准规定了鱿鱼干、墨鱼干的分类、要求、试验方法、检验规则、标签、包装、运输和储存。

本标准适用于以新鲜或者冷冻的鱿鱼、墨鱼为原料,经剖腹、去内脏、去眼球和干燥等工序制成的生干品。

2 规范性引用文件

下列文件对于本文件的应用是必不可少的。凡是注日期的引用文件,仅注日期的版本适用于本文件。凡是不注日期的引用文件,其最新版本(包括所有的修改单)适用于本文件。

GB/T 191 包装储运图示标志

GB 2721 食品安全国家标准 食用盐

GB 2733 食品安全国家标准 鲜、冻动物性水产品

GB 5009.3 食品安全国家标准 食品中水分的测定

GB 5009.44 食品安全国家标准 食品中氯化物的测定

GB 5749 生活饮用水卫生标准

GB 7718 食品安全国家标准 预包装食品标签通则

GB 10136 食品安全国家标准 动物性水产制品

GB/T 30891—2014 水产品抽样规范

JJF 1070 定量包装商品净含量计量检验规则

SC/T 3122 冻鱿鱼

3 分类

3.1 淡干品

以新鲜或者冷冻的鱿鱼、墨鱼为原料,经清洗、剖腹、去内脏、去眼球和干燥等工序制作淡干品,包括淡鱿鱼干、淡墨鱼干。

3.2 咸干品

以新鲜或者冷冻的鱿鱼、墨鱼为原料,经清洗、剖腹、去内脏、去眼球、浸泡盐水和干燥等工序制作咸干品,包括咸鱿鱼干、咸墨鱼干。

4 要求

4.1 原料

应符合 GB 2733 的规定,其中冻鱿鱼还应符合 SC/T 3122 的规定。

4.2 食用盐

应符合 GB 2721 的规定。

4.3 加工用水

应符合 GB 5749 的规定。

4.4 感官要求

鱿鱼干、墨鱼干感官要求应符合表1的规定。

表 1　感官要求

项目	一级品	二级品	三级品
色泽	胴体呈淡黄色或黄色,有光泽,有白霜 墨鱼干背部海螺蛸四周颜色略深	胴体呈棕褐色或土黄色,略有光泽,有白霜 墨鱼干背部海螺蛸四周颜色略深	胴体呈棕色或褐色,霜多 墨鱼干背部海螺蛸四周颜色略深
组织形态	体形完整、匀称,呈片状,头、腕足无残缺,胴体无损伤	体形基本完整、匀称,呈片状,头、腕足稍有残缺,胴体无损伤	体形不够完整、匀称,呈片状,头、腕足有残缺,胴体有损伤
气味	呈鱿鱼干或墨鱼干特有香味,无霉味或异味		
杂质	无肉眼可见外来杂质		

4.5　理化指标

理化指标应符合表 2 的规定。

表 2　理化指标

项　目	淡鱿鱼干、淡墨鱼干	咸鱿鱼干、咸墨鱼干
水分,g/100 g	≤20	≤30
氯化物(以 Cl⁻ 计),%	≤2	≤12

4.6　安全限量

应符合 GB 10136 的规定。

4.7　净含量

应符合 JJF 1070 的规定。

5　试验方法

5.1　感官要求

在光线充足、无异味和其他干扰的环境下,先检查样品包装是否完好,再拆开包装袋,将试样平置于白色搪瓷盘或不锈钢工作台上,按表 1 逐项检查。

5.2　水分

按 GB 5009.3 的规定执行。

5.3　氯化物

按 GB 5009.44 的规定执行。

5.4　安全限量

按 GB 10136 的规定执行。

5.5　净含量

按 JJF 1070 的规定执行。

6　检验规则

6.1　组批规则与抽样方法
6.1.1　组批规则

同一批原料、同一生产线、同一班次生产的同一品种的产品为一批次。

6.1.2　抽样方法

按 GB/T 30891—2014 的规定执行。

6.2　检验分类
6.2.1　出厂检验

每批产品应进行出厂检验。出厂检验由生产单位质量检验部门执行。鱿鱼干、墨鱼干的检验项目为感官要求、净含量、水分、盐分。检验合格签发检验合格证,产品凭检验合格证入库或出厂。

6.2.2 型式检验

型式检验项目为本标准中规定的全部项目,有下列情况之一时应进行型式检验:

a) 正常生产每6个月进行一次;

b) 更换设备或停产半年以上,重新恢复生产时;

c) 生产工艺有较大改变可能影响产品质量时;

d) 国家质量监督机构提出进行型式检验要求时;

e) 出厂检验结果与上次型式检验有较大差异时;

f) 原料种类、产地发生改变时。

6.3 判定规则

6.3.1 检验项目全部符合标准要求,则判该批产品为合格品。

6.3.2 感官检验所检项目全部符合4.4规定,合格样本数符合GB/T 30891—2014中表A.1的规定,则判本批合格。

6.3.3 项目检测结果全部符合本标准要求时,则判定为合格。

6.3.4 所检测项目结果中若有一项指标不符合标准规定时,允许加倍抽样将此项指标复验一次,按复验结果判定本批产品是否合格;检验结果中若有两项或两项以上指标不符合标准规定时,则判本批产品不合格。

6.3.5 每批平均净含量不得低于标识量。

7 标签、包装、运输、储存

7.1 标签、标志

产品包装储运图示标志应符合GB/T 191的规定,标签应符合GB 7718的规定。

7.2 包装

7.2.1 包装材料

所用塑料袋、纸盒、瓦楞纸箱等包装材料应洁净、坚固、无毒、无异味,并符合食品安全国家标准的要求。

7.2.2 包装要求

包装环境应符合卫生要求,包装内产品应排列整齐,并有产品合格证。包装应牢固、防潮、不易破损。

7.3 运输

运输工具应清洁卫生,无异味,运输中应防止受潮、日晒、虫害、有害物质的污染,不应靠近或接触腐蚀性的物质,不应与有毒有害及气味浓郁物品混运。

7.4 储存

7.4.1 产品应储藏在干燥、阴凉、通风的库房内;不同等级、不同批次的产品应分别堆垛,堆垛时宜用垫板垫起,堆放高度以纸箱受压不变形为宜,注意垛底和中间的通风。

7.4.2 储存环境应符合卫生要求,清洁、无毒、无异味、无污染,应防止虫害和有毒物质的污染及其他损害。

ICS 67.120.30
X 20

中华人民共和国水产行业标准

SC/T 3212—2017
代替 SC/T 3212—2000

盐 渍 海 带

Salted kelp

2017-12-22 发布

2018-06-01 实施

中华人民共和国农业部 发布

前　言

本标准按照 GB/T 1.1—2009 给出的规则起草。

本标准代替 SC/T 3212—2000《盐渍海带》。与 SC/T 3212—2000 相比，除编辑性修改外主要技术变化如下：

——删除了定义；

——修改了感官要求；

——修改了水分、氯化物、净含量等理化指标；

——修改了污染物限量的规定。

请注意本文件的某些内容有可能涉及专利。本文件的发布机构不承担识别这些专利的责任。

本标准由农业部渔业渔政管理局提出。

本标准由全国水产标准化技术委员会水产品加工分技术委员会(SAC/TC 156/SC 3)归口。

本标准起草单位：中国水产科学研究院黄海水产研究所、大连工业大学、山东海之宝海洋科技有限公司、青岛聚大洋藻业集团有限公司、山东鸿洋神水产科技有限公司、国家水产品质量监督检验中心。

本标准主要起草人：王联珠、郭莹莹、朱文嘉、侯红漫、江艳华、姚琳、刘晓勇、吴仕鹏、刘旭东、卢丽娜、左红和、董秀萍、刘芬、何柳、杨祯祯、程跃谟。

本标准所代替标准的历次版本发布情况为：

——SC/T 3212—2000。

盐 渍 海 带

1 范围

本标准规定了盐渍海带的要求、试验方法、检验规则、标签、包装、运输和储存。

本标准适用于以鲜海带(*Laminaria japonica*)为原料,经烫漂、冷却、盐渍、脱水、切割或不切割等工序制成的产品。

2 规范性引用文件

下列文件对于本文件的应用是必不可少的。凡是注日期的引用文件,仅注日期的版本适用于本文件。凡是不注日期的引用文件,其最新版本(包括所有的修改单)适用于本文件。

GB/T 191 包装储运图示标志

GB 2721 食品安全国家标准 食用盐

GB 2762 食品安全国家标准 食品中污染物限量

GB 5009.3 食品安全国家标准 食品中水分的测定

GB 5009.44 食品安全国家标准 食品中氯化物的测定

GB 5749 生活饮用水卫生标准

GB 7718 食品安全国家标准 预包装食品标签通则

GB 14881 食品安全国家标准 食品生产通用卫生规范

GB 28050 食品安全国家标准 预包装食品营养标签通则

GB/T 30891—2014 水产品抽样规范

JJF 1070 定量包装商品净含量计量检验规则

3 要求

3.1 原辅材料

3.1.1 原料

海带新鲜,无腐烂变质,污染物指标应符合 GB 2762 的规定。

3.1.2 食用盐

应符合 GB 2721 的规定。

3.2 生产用水

加工用水应为饮用水或清洁海水。饮用水应符合 GB 5749 的规定,清洁海水的微生物指标应达到饮用水的要求。

3.3 加工要求

应符合 GB 14881 的规定。

3.4 感官要求

应符合表 1 的规定。

表 1 感官要求

项 目	要 求
色 泽	藻体呈深绿色或鲜绿色,局部或边缘可呈褐绿色
组织形态	藻体富有弹性,表面光洁,无黏液,有少量孢子囊斑;形状基本一致;复水后口感脆嫩

表 1（续）

项　目	要　求
滋味与气味	具有海带固有的滋气味,无异味
杂　质	无肉眼可见外来杂质,复水后咀嚼时无牙碜感

3.5　理化指标

应符合表 2 的规定。

表 2　理化指标

项　目	要　求
水分,g/100 g	≤70
氯化物(以 Cl^- 计),%	≥12
附盐,%	≤2

3.6　污染物限量

应符合 GB 2762 的规定。

3.7　净含量

预包装产品的净含量应符合 JJF 1070 的规定。

4　试验方法

4.1　感官

4.1.1　常规检验

在光线充足、无异味和其他干扰的环境下,先检查样品包装是否完好,再拆开包装袋,将试样平置于白色搪瓷盘或不锈钢工作台上,按表 1 逐项检查。

4.1.2　复水后检验

称取 18 g~20 g 试样于 500 mL 烧杯中,加入 200 mL 蒸馏水,室温下浸泡 1 h,控水 3 min 后,按表 1 观察其复水后形态,品尝其口感。

4.2　水分

抖动去除海带表面附着的盐粒后,将海带切碎,按 GB 5009.3 的规定执行。

4.3　氯化物

取按 4.2 预处理得到的试样,按 GB 5009.44 的规定执行。

4.4　附盐

称取试样 10 g(m_1,精确至 0.01 g),抖动去除海带表面附着的盐粒,至抖不下来为止,再称海带重量(m_2,精确至 0.01 g),按式(1)计算附盐含量。

$$X = \frac{m_1 - m_2}{m_1} \times 100 \quad \cdots\cdots\cdots\cdots\cdots\cdots\cdots\cdots\cdots (1)$$

式中:

X ——附盐含量,单位为百分率(%);

m_1 ——试样质量,单位为克(g);

m_2 ——去除附盐后试样质量,单位为克(g)。

计算结果以重复性条件下获得的两次独立测定结果的算术平均值表示,保留两位有效数字。

4.5　污染物

按 GB 2762 的规定执行。

4.6　净含量

按 JJF 1070 的规定执行。

5 检验规则

5.1 组批规则与抽样方法

5.1.1 组批规则

同一批原料、同一生产线、同一班次生产的同一品种的产品作为一个检验批。按批号抽样。

5.1.2 抽样方法

按 GB/T 30891 的规定执行。

5.2 检验分类

5.2.1 出厂检验

每批产品应进行出厂检验。出厂检验由生产单位质量检验部门执行,检验项目为感官、水分、氯化物、净含量、附盐等,检验合格签发检验合格证,产品凭检验合格证入库或出厂。

5.2.2 型式检验

型式检验项目为本标准中规定的全部项目,有下列情况之一时应进行型式检验:

a) 正常生产每 6 个月进行一次;

b) 更换设备或停产半年以上,重新恢复生产时;

c) 原料变化或生产工艺有较大改变可能影响产品质量时;

d) 国家质量监督机构提出进行型式检验要求时;

e) 出厂检验结果与上次型式检验有较大差异时。

5.3 判定规则

5.3.1 检验项目全部符合标准要求,则判该批产品为合格品。

5.3.2 感官检验所检项目全部符合 3.4 的规定,合格样本数符合 GB/T 30891—2014 中附录 A 规定,则判本批合格。

5.3.3 所检项目中若有 1 项指标不符合标准规定时,允许加倍抽样将此项指标复验一次,按复验结果判定本批产品是否合格。

5.3.4 所检项目中若有 2 项或 2 项以上指标不符合标准规定时,则判本批产品不合格。

6 标签、包装、运输、储存

6.1 标签

产品包装储运图示标志应符合 GB/T 191 的规定,标签应符合 GB 7718 的规定,营养标签应符合 GB 28050 的规定。散装销售的产品应有同批次的产品质量合格证书。

6.2 包装

6.2.1 包装材料

所用塑料袋、纸盒、瓦楞纸箱等包装材料应洁净、坚固、无毒、无异味,符合相关食品安全国家标准的规定。

6.2.2 包装要求

产品应密封包装,一定数量的小袋装入大袋(或盒),再装入纸箱中。箱中产品应排列整齐,并放入产品合格证。包装应牢固、防潮、不易破损。

6.3 运输

运输工具应清洁卫生,无异味,运输中防止受潮、日晒、虫害以及有害物质的污染,防止包装损坏,不得靠近或接触腐蚀性物质,不得与有毒有害及气味浓郁物品混运。

6.4 储存

6.4.1 应储存在温度不高于—10℃的冷库中。储存库应清洁、卫生、无异味,有防鼠防虫设施,并防止有害物质污染和其他损害。

6.4.2 不同品种、规格、批次的产品应分别堆垛,并用木板垫起,与地面距离不少于 10 cm,与墙壁距离不少于 30 cm,堆放高度以纸箱受压不变形为宜。

ICS 67.120.30
X 20

中华人民共和国水产行业标准

SC/T 3301—2017
代替 SC/T 3301—1989

速 食 海 带

Instant kelp

2017-12-22 发布

2018-06-01 实施

中华人民共和国农业部 发布

SC/T 3301—2017

前　言

本标准按照 GB/T 1.1—2009 给出的规则起草。

本标准代替 SC/T 3301—1989《速食海带》。与 SC/T 3301—1989 相比，除编辑性修改外主要技术变化如下：

——修改了适用范围；

——增加了产品分类；

——修改了感官要求；

——修改了水分、氯化物、净含量等理化指标；

——修改了污染物限量、微生物限量的规定。

请注意本文件的某些内容可能涉及专利。本文件的发布机构不承担识别这些专利的责任。

本标准由农业部渔业渔政管理局提出。

本标准由全国水产标准化技术委员会水产品加工分技术委员会(SAC/TC 156/SC 3)归口。

本标准起草单位：中国水产科学研究院黄海水产研究所、中国科学院海洋研究所、山东海之宝海洋科技有限公司、青岛聚大洋藻业集团有限公司、山东鸿洋神水产科技有限公司、国家水产品质量监督检验中心。

本标准主要起草人：王联珠、郭莹莹、朱文嘉、段德麟、江艳华、姚琳、刘晓勇、吴仕鹏、刘旭东、卢丽娜、左红和、刘芬、何柳、杨祯祯、程跃谟。

本标准所代替标准的历次版本发布情况为：

——SC/T 3301—1989。

速 食 海 带

1 范围

本标准给出了速食海带的产品分类,规定了速食海带的要求、试验方法、检验规则、标签、包装、运输和储存。

本标准适用于以海带(*Laminaria japonica*)为原料,经加工制成的非冲泡类速食干海带、冲泡类速食干海带、即食调味海带等产品。其他速食海带产品可参照执行。

2 规范性引用文件

下列文件对于本文件的应用是必不可少的。凡是注日期的引用文件,仅注日期的版本适用于本文件。凡是不注日期的引用文件,其最新版本(包括所有的修改单)适用于本文件。

GB/T 191　包装储运图示标志

GB 2720　食品安全国家标准　味精

GB 2721　食品安全国家标准　食用盐

GB 2760　食品安全国家标准　食品添加剂使用标准

GB 2762　食品安全国家标准　食品中污染物限量

GB 5009.3　食品安全国家标准　食品中水分的测定

GB 5009.44　食品安全国家标准　食品中氯化物的测定

GB 5749　生活饮用水卫生标准

GB 7718　食品安全国家标准　预包装食品标签通则

GB 13104　食品安全国家标准　食糖

GB 14881　食品安全国家标准　食品生产通用卫生规范

GB/T 15691　香辛料调味品通用技术条件

GB 19643　藻类制品卫生标准

GB 28050　食品安全国家标准　预包装食品营养标签通则

GB/T 30891—2014　水产品抽样规范

JJF 1070　定量包装商品净含量计量检验规则

SC/T 3202　干海带

SC/T 3212　盐渍海带

3 产品分类

3.1 非冲泡类速食干海带

主要以盐渍海带为原料,经脱盐、切割、脱水、干燥等工序制成的,短时间烹饪即可食用的产品。也可以鲜嫩海带或干海带为原料,经清洗(或浸泡)、烫漂、切割、脱水、干燥等工序制成的产品。

3.2 冲泡类速食干海带

主要以盐渍海带为原料,经脱盐、切碎、调味(或配以调料包)、烘干、包装等工序制成的,食用前需用沸水冲泡的产品。也可以鲜嫩海带或干海带为原料,经清洗(或浸泡)、预煮、切碎、调味(或配以调料包)、烘干、包装等工序制成的产品。

3.3 即食调味海带

以鲜海带、干海带或盐渍海带为原料,经预处理、切割、熟化、调味、包装、杀菌等工艺制成的即食产品。

4 要求

4.1 原辅材料

4.1.1 海带

海带原料的污染物指标应符合 GB 2762 的规定;干海带还应符合 SC/T 3202 的规定;盐渍海带还应符合 SC/T 3212 的规定。

4.1.2 食用盐

应符合 GB 2721 的规定。

4.1.3 食糖

应符合 GB 13104 的规定。

4.1.4 味精

应符合 GB 2720 的规定。

4.1.5 香辛料

应符合 GB/T 15691 的规定。

4.1.6 其他辅料

应符合相应的食品标准和有关规定。

4.2 生产用水

加工用水应为饮用水或清洁海水。饮用水应符合 GB 5749 的规定,清洁海水的微生物指标应达到饮用水的要求。

4.3 食品添加剂

应符合 GB 2760 的规定。

4.4 加工要求

应符合 GB 14881 的规定。

4.5 感官要求

应符合表 1 的规定。

表 1 感官要求

项　　目	速食干海带	即食调味海带
色　泽	呈深绿色、绿褐色、褐色等海带固有的颜色,色泽均匀	呈本产品固有的颜色,色泽均匀
组织形态	呈片状、细条状、结状、碎片状等,形态基本一致,允许有少量碎屑	包装袋完整、无破损,封口严密平整,产品呈均匀的片状、丝状、结状
口　感	复水或冲泡后,软硬适度,适口性好,口感较脆嫩	软硬适度,适口性好
滋味与气味	具有速食干海带产品固有的滋气味,无异味	具有与品名相符的产品应有的滋气味,无异味
杂　质	无肉眼可见外来杂质,咀嚼时无牙碜感	

4.6 理化指标

应符合表 2 的规定。

表 2 理化指标

项　　目	非冲泡类速食干海带	冲泡类速食干海带	即食调味海带
水分,g/100 g	≤18	≤20	—
氯化物(以 Cl⁻计),%	≤9	≤12	≤3
碎屑率,%	≤1	—	—
固形物	—	—	符合标识
注:"—"表示不作要求;海带碎屑产品对碎屑率不作要求。			

4.7 污染物指标

应符合 GB 2762 的规定。

4.8 微生物指标

冲泡类速食干海带、即食调味海带的微生物指标应符合 GB 19643 的规定。

4.9 净含量

预包装产品的净含量应符合 JJF 1070 的规定。

5 试验方法

5.1 感官

5.1.1 常规检验

在光线充足、无异味和其他干扰的环境下,先检查样品包装是否完好,再拆开包装袋,将试样平置于白色搪瓷盘或不锈钢工作台上,按表 1 逐项检查。

5.1.2 复水检验

称取 8 g～10 g 速食干海带试样于 500 mL 烧杯中,加入 300 mL 蒸馏水,室温下浸泡 1 h,控水 3 min 后,按表 1 观察其复水后形态、品尝其口感。

5.2 水分

按 GB 5009.3 的规定执行。

5.3 氯化物

按 GB 5009.44 的规定执行。

5.4 碎屑率

称取 20 g(m_1,精确至 0.01 g)速食干海带试样(海带碎屑产品除外),抖下长度不足 5 mm 的碎屑或通过孔径为 500 μm 的标准筛,将碎屑称重(m_2,精确至 0.000 1 g),按式(1)计算碎屑率。

$$X = \frac{m_2}{m_1} \times 100 \quad\cdots\cdots\cdots\cdots\cdots\cdots\cdots\cdots\cdots\cdots\cdots\cdots\cdots\cdots \quad (1)$$

式中:

X ——碎屑率,单位为百分率(%);

m_2 ——碎屑的质量,单位为克(g);

m_1 ——试样的质量,单位为克(g)。

计算结果以重复性条件下获得的两次独立测定结果的算术平均值表示,保留两位有效数字。

5.5 污染物限量

按 GB 2762 的规定执行。

5.6 微生物限量

按 GB 19643 的规定执行。

5.7 净含量、固形物

按 JJF 1070 的规定执行。

6 检验规则

6.1 组批规则与抽样方法

6.1.1 组批规则

同一批原料、同一生产线、同一班次生产的同一品种的产品为一个检验批。按批号抽样。

6.1.2 抽样方法

按 GB/T 30891 的规定执行。

6.2 检验分类

6.2.1 出厂检验

每批产品应进行出厂检验。出厂检验由生产单位质量检验部门执行,非冲泡类速食干海带的检验项目为感官、净含量、水分、氯化物等。冲泡类速食干海带的检验项目为感官、净含量、水分、氯化物、菌落总数、大肠菌群等。即食调味海带的检验项目为感官、净含量、氯化物、固形物、菌落总数、大肠菌群等。检验合格签发检验合格证,产品凭检验合格证入库或出厂。

6.2.2 型式检验

型式检验项目为本标准中规定的全部项目,有下列情况之一时应进行型式检验:

a) 正常生产每6个月进行一次;

b) 更换设备或停产半年以上,重新恢复生产时;

c) 原料变化或生产工艺有较大改变可能影响产品质量时;

d) 国家质量监督机构提出进行型式检验要求时;

e) 出厂检验结果与上次型式检验有较大差异时。

6.3 判定规则

6.3.1 检验项目全部符合标准要求,判该批产品为合格品。

6.3.2 感官检验所检项目全部符合4.5的规定,合格样本数符合GB/T 30891—2014中附录A规定,则判本批合格。

6.3.3 除微生物指标以外,其他指标检验结果中若有2项或2项以上指标不符合标准规定时,则判本批产品不合格。若有1项指标不符合标准规定时,允许加倍抽样将此项指标复验1次,按复验结果判定本批产品是否合格。

6.3.4 微生物检验结果有1项不符合标准要求,则判该批产品为不合格品。

7 标签、包装、运输、储存

7.1 标签

运输包装上的标志应符合GB/T 191的规定,预包装产品的标签应符合GB 7718的规定,营养标签应符合GB 28050的规定。

7.2 包装

7.2.1 包装材料

所用塑料袋、纸盒、瓦楞纸箱等包装材料应洁净、坚固、无毒、无异味,符合相关食品安全国家标准的规定。

7.2.2 包装要求

产品应密封包装,一定数量的小袋装入大袋(或盒),再装入纸箱中。箱中产品应排列整齐,并放入产品合格证。包装应牢固、防潮、不易破损。

7.3 运输

运输工具应清洁卫生,无异味,运输中防止受潮、日晒、虫害以及有害物质的污染,防止包装损坏,不得靠近或接触腐蚀性的物质,不得与有毒有害及气味浓郁物品混运。

7.4 储存

7.4.1 产品应储藏在阴凉、干燥、通风的库房内,储存库应清洁、卫生、无异味,防止受潮、日晒、虫害和有毒物质的污染及其他损害。

7.4.2 不同品种、规格、批次的产品应分别堆垛,并用木板垫起,与地面距离不少于10 cm,与墙壁距离不少于30 cm,堆放高度以纸箱受压不变形为宜。

ICS 65.150
B 56

中华人民共和国水产行业标准

SC/T 4066—2017

渔用聚酰胺经编网片通用技术要求

General technical specifications for polyamide warp knitting netting for fisheries

2017-06-12 发布

2017-10-01 实施

中华人民共和国农业部 发布

前　言

本标准按照 GB/T 1.1—2009 给出的规则起草。

请注意本文件的某些内容可能涉及专利。本文件的发布机构不承担识别这些专利的责任。

本标准由农业部渔业渔政管理局提出。

本标准由全国水产标准化技术委员会渔具及渔具材料分技术委员会(SAC/TC 156/SC 4)归口。

本标准起草单位：三沙美济渔业开发有限公司、中国水产科学研究院东海水产研究所、海安中余渔具有限公司、海南海洋与渔业科学研究院、湛江市经纬网厂、农业部绳索网具产品质量监督检验测试中心、上海海洋大学、中国水产科学研究院渔业机械仪器研究所。

本标准主要起草人：石建高、孟祥君、陈傅晓、钟文珠、瞿鹰、曹文英、余雯雯、周文博、张春文、刘永利。

渔用聚酰胺经编网片通用技术要求

1 范围

本标准规定了渔用聚酰胺经编网片的术语和定义、标记、技术要求、检验方法、检验规则以及标志、标签、包装、运输及储存的有关要求。

本标准适用于聚酰胺复丝经机器编织的渔用聚酰胺经编网片。

2 规范性引用文件

下列文件对于本文件的应用是必不可少的。凡是注日期的引用文件,仅注日期的版本适用于本文件。凡是不注日期的引用文件,其最新版本(包括所有的修改单)适用于本文件。

GB/T 251　纺织品　色牢度试验　评定沾色用灰色样卡

GB/T 3939.2　主要渔具材料命名与标记　网片

GB/T 4925　渔网　合成纤维网片强力与断裂伸长率试验方法

GB/T 6964　渔网网目尺寸测量方法

GB/T 6965　渔具材料试验基本条件　预加张力

GB/T 21292　渔网　网目断裂强力的测定

3 术语和定义

GB/T 4146.3 和 SC/T 5001 界定的以及下列术语和定义适用于本文件。为了便于使用,以下重复列出了 GB/T 4146.3 和 SC/T 5001 中的一些术语和定义。

3.1

经编网片　warp knitting netting

由两根相邻的经纱,沿网片纵向各自形成线圈并相互交替串连而构成的网片。

注:改写 SC/T 5001—2014,定义 2.13.1。

3.2

名义股数　nominal ply

网片目脚截面单丝或单纱根数之和。

[SC/T 5001—2014,定义 2.13.11]

3.3

并目　closed mesh

相邻目脚中因纱线牵连而不能展开的网目。

3.4

破目　broken mesh

网片内一个或更多的相邻的线圈断裂形成的孔洞。

3.5

跳纱　float

一段纱线越过了应该与其相联结的线圈纵行。

3.6

色差　color difference

纺织品之间或与标准卡之间的颜色差异。

注:改写 GB/T 4146.3—2011,定义 2.14.16。

4 标记

GB/T 3939.2 确立的标记和代号适用于本标准,渔用聚酰胺经编网片按下列方法标记:

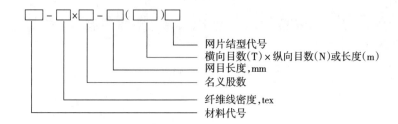

示例:

以线密度为 23.3 tex 的聚酰胺复丝制作的名义股数为 30 股、网目长度为 60 mm、横向目数 100、纵向目数 700 的渔用聚酰胺经编网标记为 PA‐23.3 tex×30‐60 mm(100 T×700 N)JB。

5 技术要求

5.1 外观质量

网片的外观质量应符合表 1 的规定。

表 1 外观质量要求

序号	项 目	要 求	
		$n \leqslant 5$	$n > 5$
1	并目,%	$\leqslant 0.05$	$\leqslant 0.01 \times n$
2	破目,%	$\leqslant 0.03$	
3	跳纱,%	$\leqslant 0.01$	
4	每处修补长度,m	$\leqslant 2.0$	
5	修补率,%	$\leqslant 0.10$	
6	色差(不低于)	3~4	

注 1:n 为名义股数。

注 2:每处修补长度以网目闭合时长度累计。

注 3:修补率为网片修补目数相对网片总目数的比值。

5.2 网目长度偏差率

网片的网目长度偏差率应符合表 2 的规定。

表 2 网目长度偏差率

网目长度(2a),mm	网目长度偏差率,%	
	未定型	定型后
$2a \leqslant 10$	±7.0	±5.5
$10 < 2a \leqslant 25$	±6.5	±5.0
$25 < 2a \leqslant 50$	±6.0	±5.0
$50 < 2a \leqslant 100$	±5.5	±4.0
$100 < 2a \leqslant 120$	±5.3	±3.8
$2a > 120$	±5.0	±3.5

5.3 网片强力

5.3.1 网片纵向断裂强力

只需采用其中一项技术指标,在进行仲裁检验时,应采用网片纵向断裂强力。网片纵向断裂强力应不小于式(1)的要求。

$$F_W = f_W \times n \times \frac{\rho_x}{23.3} \quad \cdots\cdots\cdots\cdots\cdots\cdots\cdots\cdots\cdots\cdots\cdots\cdots\cdots\cdots \quad (1)$$

式中:

F_W ——网片纵向断裂强力(保留 3 位有效数字),单位为牛(N);

f_W ——网片纵向断裂强力系数,见表3;

n ——网片名义股数;

ρ_x ——聚酰胺复丝的线密度,单位为特克斯(tex)。

表 3 网片纵向断裂强力系数

名义股数(n)	3	4～5	6	6～12	12～33	＞33
网片纵向断裂强力系数(f_W)	50.5	55.0	52.5	48.5	45.5	44.5

5.3.2 网目断裂强力

网目断裂强力应不小于式(2)的要求。

$$F_M = f_M \times n \times \frac{\rho_x}{23.3} \quad \cdots\cdots\cdots\cdots\cdots\cdots\cdots\cdots\cdots\cdots\cdots\cdots\cdots\cdots \quad (2)$$

式中:

F_M ——网目断裂强力(保留 3 位有效数字),单位为牛(N);

f_M ——网目断裂强力系数,见表4。

表 4 网目断裂强力系数

网片名义股数(n)	3	4～5	6	6～12	12～33	＞33
网目断裂强力系数(f_M)	11.8	12.3	12.0	11.7	11.4	11.2

6 检验方法

6.1 外观质量

6.1.1 色差按GB/T 251的规定进行检验。

6.1.2 其他外观质量项目应在自然光线下,通过目测或采用卷尺进行检验。

6.2 网目长度偏差率

在 GB/T 6965 规定的预加张力下按 GB/T 6964 的规定测量网目长度,网目长度偏差率按式(3)计算。

$$\Delta 2a = \frac{2a - 2a'}{2a'} \times 100 \quad \cdots\cdots\cdots\cdots\cdots\cdots\cdots\cdots\cdots\cdots\cdots\cdots\cdots\cdots \quad (3)$$

式中:

$\Delta 2a$ ——网目长度偏差率,单位为百分率(%);

$2a$ ——网片的实测网目长度,单位为毫米(mm);

$2a'$ ——网片的公称网目长度,单位为毫米(mm)。

6.3 网片强力

6.3.1 网片纵向断裂强力按GB/T 4925的规定进行检验,每个试样的有效测定次数不少于10次,取其算术平均值,单位为牛(N),保留 3 位有效数字。

6.3.2 网目断裂强力按GB/T 21292的规定进行检验,每个试样的有效测定次数不少于10次,取其算术平均值,单位为牛(N),保留 3 位有效数字。

7 检验规则

7.1 出厂检验

7.1.1 每批产品需经厂检验部门进行出厂检验,合格后并附有合格证方可出厂。

7.1.2 出厂检验项目为5.1和5.2规定的项目。

7.2 型式检验

7.2.1 检验周期和检验项目

7.2.1.1 型式检验每半年至少进行一次,有下列情况之一时亦应进行型式检验:

——产品试制定型鉴定时或转厂生产时;

——原材料和工艺有重大改变,可能影响产品性能时;

——质量技术管理部门提出型式检验要求时。

7.2.1.2 型式检验项目为第5章的全部项目。

7.2.2 抽样

7.2.2.1 产品按批量抽样,在相同工艺条件下,同一品种、同一规格的100片网片为一批,不足100片亦为一批。

7.2.2.2 从每批网片中随机抽取5片作为样品进行检验。

7.2.3 判定规则

7.2.3.1 判定规定

按下列规定进行判定:

——若所有样品的全部检验项目符合第5章要求,则判该批产品合格;

——若有1个(或1个以上)样品的网片强力不符合5.3要求,则判该批产品不合格;

——若有2个(或2个以上)样品除网片强力以外的检验项目不符合第5章相应要求时,则判该批产品不合格;

——若有1个样品除网片强力以外的检验项目不符合第5章相应要求时,应在该批产品中加倍抽样进行复检,若复检结果仍不符合要求,则判该批产品不合格。

7.2.3.2 在进行仲裁检验时,应采用网片纵向断裂强力。

8 标志、标签、包装、运输及储存

8.1 标志、标签

每张网片应附有产品合格证明作为标签,合格证明上应标明产品的标记、商标、生产企业名称与详细地址、生产日期、检验标志和执行标准编号。

8.2 包装

产品应用专用的编织袋包装,捆扎牢固,便于运输。

8.3 运输

产品在运输时应避免拖曳摩擦,切勿用锋利工具钩挂。

8.4 储存

产品应储存在远离热源、无阳光直射、通风干燥、无腐蚀性化学物质的场所。产品储存期超过一年,须经复检后方可出厂。

————————

ICS 65.150
B 56

中华人民共和国水产行业标准

SC/T 4067—2017

浮式金属框架网箱通用技术要求

General technical specifications for floating metal cage

2017-06-12 发布

2017-10-01 实施

中华人民共和国农业部 发布

SC/T 4067—2017

前　言

本标准按照 GB/T 1.1—2009 给出的规则起草。

请注意本文件的某些内容可能涉及专利。本文件的发布机构不承担识别这些专利的责任。

本标准由农业部渔业渔政管理局提出。

本标准由全国水产标准化技术委员会渔具及渔具材料分技术委员会(SAC/TC 156/SC 4)归口。

本标准起草单位:三沙美济渔业开发有限公司、中国水产科学研究院东海水产研究所、海南海洋与渔业科学研究院、海安中余渔具有限公司、中国海洋大学、中国水产科学研究院南海水产研究所、中国水产科学研究院黄海水产研究所、大连天正实业有限公司。

本标准主要起草人:石建高、孟祥君、陈傅晓、黄六一、马振华、刘圣聪、于宏、曹文英、瞿鹰。

浮式金属框架网箱通用技术要求

1 范围

本标准规定了浮式金属框架网箱的术语和定义、标记、技术要求、检验方法、检验规则以及标志、标签、包装、运输及储存要求。

本标准适用于以无缝钢管等金属材料制作框架、由浮筒或泡沫浮子等浮体提供浮力，且框架系统浮于水面的浮式金属框架网箱。

2 规范性引用文件

下列文件对于本文件的应用是必不可少的。凡是注日期的引用文件，仅注日期的版本适用于本文件。凡是不注日期的引用文件，其最新版本（包括所有的修改单）适用于本文件。

GB/T 228　金属材料　室温拉伸试验方法

GB/T 3939.2　主要渔具材料命名与标记　网片

GB/T 4925　渔网　合成纤维网片强力与断裂伸长率试验方法

GB/T 6964　渔网网目尺寸试验方法

GB/T 8162　结构用无缝钢管

GB/T 8834　纤维绳索　有关物理和机械性能的测定

GB/T 17395　无缝钢管尺寸、外形、重量及允许偏差

GB/T 18673　渔用机织网片

GB/T 18674　渔用绳索通用技术条件

GB/T 21292　渔网　网目断裂强力的测定

GB/T 30668　超高分子量聚乙烯纤维8股、12股编绳和复编绳索

FZ/T 63028　超高分子量聚乙烯网线

SC/T 4005　主要渔具制作　网片缝合与装配

SC/T 4022　渔网　网线断裂强力和结节断裂强力的测定

SC/T 4024—2011　浮绳式网箱

SC/T 5002　塑料浮子试验方法　硬质球形

SC/T 5003　塑料浮子试验方法　硬质泡沫

SC/T 5006　聚酰胺网线

SC/T 5007　聚乙烯网线

SC/T 5022　超高分子量聚乙烯网片　经编型

SC/T 5023　渔用聚酰胺经编网片通用技术要求

SC/T 5031　聚乙烯网片　绞捻型

3 术语和定义

SC/T 5001、SC/T 6049—2011 和 NB/T 31006—2011 界定的以及下列术语和定义适用本文件。为了便于使用，以下重复列出了 SC/T 6049—2011 和 NB/T 31006—2011 中的一些术语和定义。

3.1

箱体　cage body；net bag

亦称网体、网袋。由网衣构成的蓄养水产动物的空间。

[SC/T 6049—2011,定义4.1]

3.2

框架 frame

支撑网箱整体的刚性构件,既能使网箱箱体张开并保持一定形状,又能作为平台进行相关养殖操作。

3.3

浮式金属框架网箱 floating metal cage

以无缝钢管等金属材料制作框架、由浮筒或泡沫浮子等浮体提供浮力,且框架系统浮于水面的网箱。

3.4

涂料保护 coating protection

在物体表面能形成具有保护、装饰或特殊功能(如绝缘、防腐、标志等)的固态涂膜的方法。

[NB/T 31006—2011,定义3.4]

3.5

热喷涂金属保护 thermal spraying metal protection

利用热源将金属材料熔化、半熔化或软化,并以一定速度喷射到基体表面形成涂层的方法。

[NB/T 31006—2011,定义3.5]

3.6

聚合物涂覆防腐保护 polymer coating anticorrosion protection

利用聚合物涂覆和缠绕等工艺对金属结构件表面形成固态防腐保护层的方法。

4 标记

4.1 标记内容

4.1.1 标记

网箱的标记应至少包含下列内容:

a) 网箱形状:方形网箱使用 JF 表示,圆形网箱使用 JY 表示,其他网箱使用 JQ 表示;

b) 网箱尺寸:使用"框架长度×框架宽度×箱体高度"或"框架周长×箱体高度"表示,单位为米(m);

c) 防跳网高度:箱体上部用于防止鱼类跳出水面逃跑的网衣或网墙的高度,单位为米(m);

d) 箱体网衣规格:参考 GB/T 3939.2 的规定,箱体网衣规格应包含网片材料代号、织网用单丝或纤维线密度、网片(名义)股数、网目长度和结型代号;

e) 框架用无缝钢管规格:以无缝钢管的外径(D)/壁厚(S)表示,单位为毫米(mm)。

4.1.2 简便标记

在网箱制图、生产、运输中,可采用简便标记。网箱简便标记,应按次序包括 4.1.1 中 a)、b)两项,可省略 c)、d)和 e)三项。

4.2 标记顺序

网箱应按下列标记顺序标记:

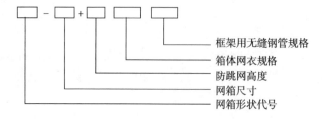

示例1:

框架周长 40.0 m、箱体高度 8.0 m、防跳网高度 1.0 m、箱体网衣规格为 PE‑36 tex×30×3‑60 mm SJ、框架用无缝

钢管规格为外径 D 76 mm/壁厚 S 6.0 mm 的方形浮式框架网箱的标记为：

JF‐40.0 m×8.0 m＋1.0 m PE‐36 tex×30×3‐60 mm SJ D 76 mm/S 6.0 mm

示例2：

框架长度 6.5 m、框架宽度 6.5 m、箱体高度 5.0 m、防跳网高度 0.5 m、箱体网衣规格为 UHMWPE‐177.8 tex×5‐50 mm‐JB、框架用无缝钢管规格为外径 D 48 mm/壁厚 S 4.34 mm 的方形浮式框架网箱的简便标记为：

JF‐6.5 m×6.5 m×5.0 m

5 技术要求

5.1 网箱尺寸偏差率

网箱尺寸偏差率应符合表1的规定。

表 1 网箱尺寸偏差率

序号	项　目		网箱尺寸偏差率，%
1	金属框架周长[a]		±1.0
2	金属框架长度[a]		±1.0
3	金属框架宽度[a]		±1.0
4	箱体高度[b]	＜1 m	±2.8
		1 m～2 m	±2.3
		＞2 m	±1.8
5	防跳网高度[b]		±4.5

[a] 金属框架周长、长度和宽度均指金属框架的内框尺寸。

[b] 箱体高度包括防跳网高度。

5.2 箱体材料

箱体材料应符合表2的规定。

表 2 箱体材料

序号	名　称		要　求	项　目
1	箱体网衣	聚乙烯经编型网片	GB/T 18673	网目长度偏差率网目断裂强力或网片纵向断裂强力
		聚乙烯单线单死结型网片		
		聚酰胺单线单死结型网片		
		超高分子量聚乙烯经编型网片	SC/T 5022	
		聚酰胺经编型网片	SC/T 5023	
		聚乙烯绞捻型网片	SC/T 5031	
2	箱体钢绳	超高分子量聚乙烯绳索	GB/T 30668	最低断裂强力
		其他绳索	GB/T 18674	
3	箱体装配缝合线	聚酰胺网线	SC/T 5006	断裂强力单线结强力
		聚乙烯网线	SC/T 5007	
		超高分子量聚乙烯网线	FZ/T 63028	

5.3 框架材料

框架材料宜用无缝钢管，无缝钢管应符合表3的规定。

表 3 无缝钢管要求

序号	名　称	要　求	项　目
1	无缝钢管	GB/T 17395	外径和壁厚
		GB/T 8162	外径和壁厚允许偏差
		不低于 GB/T 8162 中牌号 45 的无缝钢管	拉伸强度、断后伸长率

5.4 浮体

网箱框架系统用密封无缝钢管、浮筒或泡沫浮子浮体等的总浮力与网箱水中总重量的差值应不小于4 kN。

5.5 网箱加工与装配

5.5.1 框架加工

5.5.1.1 按照网箱设计技术要求完成框架主管或支撑管用无缝钢管的切割下料、切口、弯管、组焊、管端封口、除油抛丸除锈、防腐涂层喷涂等装配前处理工序。

5.5.1.2 框架上的焊接口应匀称无裂缝。

5.5.1.3 无缝钢管可采用但不限于增加热喷涂金属保护、涂料保护、聚合物涂覆防腐保护等防腐蚀措施。

5.5.1.4 如果框架装配需要连接件、连接铸件及U形螺栓等零部件,则需对上述零部件进行防腐蚀措施处理,且零部件质量需符合相关产品标准或合同规定。

5.5.2 框架系统装配

5.5.2.1 框架系统由框架与浮筒或泡沫浮子等浮体组合安装而成。

5.5.2.2 框架系统装配时宜用柔性合成纤维绳索将浮体均匀固定在框架上。

5.5.2.3 浮体固定安装时应注意框架表面防腐涂层的保护,避免对涂层的损伤。

5.5.3 网箱箱体装配

网箱箱体装配要求应符合SC/T 4005和SC/T 4024—2011中6.4的规定。

5.5.4 框架与箱体间的连接

先将箱体侧纲上端与框架连接固定,然后再用柔性合成纤维绳索将箱体上纲捆扎在框架上,捆扎间距应以20 cm～50 cm为宜。

6 检验方法

6.1 网箱尺寸偏差率

6.1.1 用卷尺等工具分别测量金属框架周长(或金属框架长度和宽度)、箱体高度、防跳网高度,每个试样重复测试2次,取其算术平均值。

6.1.2 网箱尺寸偏差率按式(1)计算。

$$\Delta x = \frac{x - x'}{x'} \times 100 \quad \cdots\cdots\cdots\cdots\cdots\cdots\cdots\cdots\cdots\cdots\cdots\cdots\cdots\cdots \quad (1)$$

式中:

Δx ——网箱尺寸偏差率,单位为百分率(%);

x ——网箱的实测尺寸,单位为米(m);

x' ——网箱的公称尺寸,单位为米(m)。

6.2 箱体材料

箱体材料按表4的规定进行检验。

表4 箱体材料试验方法

序号	名　称	项　目	单位样品次数	试验方法
1	箱体网衣	网目长度	5	GB/T 6964
		网目长度偏差率	5	GB/T 18673
		网片纵向断裂强力	10	GB/T 4925
		网目断裂强力	20	GB/T 21292
2	箱体纲绳	最低断裂强力	3	GB/T 8834
3	箱体装配缝合线	断裂强力	5	SC/T 4022
		单线结强力	5	SC/T 4022

6.3 框架材料

框架材料用无缝钢管按表 5 的规定进行检验。

表 5 无缝钢管检验方法

序号	名　称	项　目	取样数量	试验方法
1	无缝钢管	外径和壁厚允许偏差	在 2 根钢管上各取 1 个试样	GB/T 8162
		拉伸强度、断后伸长率	在 2 根钢管上各取 1 个试样	GB/T 228

6.4 浮体浮力

按 SC/T 5002 或 SC/T 5003 的规定进行检验,每个网箱取 5 个样品进行检验,不足 5 个样品时全检,按式(2)计算(保留 3 位有效数字)。

$$F = \frac{N}{n} \times \sum_{i=1}^{n} F_i \quad \cdots\cdots\cdots\cdots\cdots\cdots\cdots\cdots\cdots\cdots\cdots\cdots\cdots (2)$$

式中:

F——浮体浮力,单位为千牛(kN);

N——网箱总浮体的数量;

n——测试的浮体数量;

F_i——单个浮体的浮力,单位为千牛(kN)。

6.5 网箱加工与装配

在自然光线下,通过目测或卷尺进行框架装配、框架系统装配、网箱箱体装配、框架与箱体间的连接要求检验。

7 检验规则

7.1 出厂检验

7.1.1 每批产品需经厂检验部门进行出厂检验,合格后并附有合格证方可出厂。

7.1.2 出厂检验项目为 5.1、5.2、5.4、5.5 规定的项目。

7.2 型式检验

7.2.1 检验周期和检验项目

7.2.1.1 型式检验每半年至少进行一次,有下列情况之一时亦应进行型式检验:

——产品试制定型鉴定时或转厂生产时;

——原材料和工艺有重大改变,可能影响产品性能时;

——质量技术管理部门提出型式检验要求时。

7.2.1.2 型式检验项目为第 5 章的全部项目。

7.2.2 抽样

7.2.2.1 在相同工艺条件下,3 个月内生产的同一品种、同一规格的网箱为一批。

7.2.2.2 从每批网箱中随机抽取两套网箱作为样品进行检验。

7.2.2.3 在抽样时,网箱尺寸偏差率(5.1)和网箱装配(5.5)项目可以在现场检验,再在抽取的样品上截取足够实验室检验的试样带回实验室进行其他项目检验。

7.2.3 判定

按下列规定进行判定:

a) 若所有样品的全部检验项目符合第 5 章要求,则判该批产品合格;

b) 若有 1 个(或 1 个以上)样品的无缝钢管拉伸强度不符合 5.3 要求,则判该批产品不合格;

c) 若有 2 个(或 2 个以上)样品除无缝钢管拉伸强度以外的检验项目不符合第 5 章相应要求时,

则判该批产品不合格；

d) 若有1个样品除无缝钢管拉伸强度以外的检验项目不符合第5章相应要求时，应在该批产品中加倍抽样进行复检，若复检仍不符合要求，则判该批产品不合格。

8 标志、标签、包装、运输及储存

8.1 标志、标签

每个网箱应附有产品合格证明作为标签，标签上至少应包含下列内容：
——产品名称；
——产品规格；
——生产企业名称与地址；
——检验合格证；
——生产批号或生产日期；
——执行标准。

8.2 包装

无缝钢管、框架部件、浮体材料及箱体材料应用帆布、绳索、编织袋、木箱等合适材料包装或捆扎，外包装上应标明材料名称、规格及数量。

8.3 运输

产品在运输过程中应避免抛摔、拖曳、磕碰、摩擦、油污和化学品的污染，切勿用锋利工具钩挂。

8.4 储存

无缝钢管、框架部件、浮体材料、箱体材料应存放在清洁、干燥的库房内，远离热源3m以上；室外存放应有适当的遮盖，避免阳光照射、风吹雨淋和化学腐蚀。若金属框架部件、浮体材料及箱体材料（从生产之日起）储存期超过两年，则应经复检合格后方可出厂。

ICS 65.150
B 56

中华人民共和国水产行业标准

SC/T 5021—2017
代替 SC/T 5021—2002

聚乙烯网片　经编型

Polyethylene netting—Warp knitting type

2017-06-12 发布

2017-10-01 实施

中华人民共和国农业部 发布

SC/T 5021—2017

前　言

本标准按照 GB/T 1.1—2009 给出的规则起草。

本标准代替 SC/T 5021—2002《聚乙烯网片　经编型》，与 SC/T 5021—2002 相比，除编辑性修改外主要技术变化如下：

——将聚乙烯经编网片的规格范围由 15 股扩大到名义股数 60 股，补全了名义股数 4 股～60 股网片的技术要求；

——原有规格的网片纵向断裂强力和网目断裂强力指标有所提高。

请注意本文件的某些内容可能涉及专利。本文件的发布机构不承担识别这些专利的责任。

本标准由农业部渔业渔政管理局提出。

本标准由全国水产标准化技术委员会渔具及渔具材料分技术委员会（SAC/TC 156/SC 4）归口。

本标准起草单位：农业部绳索网具产品质量监督检验测试中心、湖南鑫海网业有限公司、宁波市镇海顺渔网具制造有限公司、湛江开发区扬帆网业有限公司、福建省长乐市红梅网具有限公司、泰安鲁普耐特塑料有限公司。

本标准主要起草人：马海有、石建高、李年春、陈晓雪、吴永刚、闵明华、宋莲芳、陈礼球、沈明、刘洋、刘永利、王磊、郭亦萍。

本标准所代替标准的历次版本发布情况为：

——SC/T 5021—2002。

聚乙烯网片　经编型

1　范围

本标准规定了聚乙烯经编型网片的术语和定义、标记、技术要求、试验方法、检验规则、标志、标签、包装、运输及储存。

本标准适用于以聚乙烯单丝加工制作的渔用菱形网目、未定型或定型后的聚乙烯经编网片。

2　规范性引用文件

下列文件对于本文件的应用是必不可少的。凡是注日期的引用文件,仅注日期的版本适用于本文件。凡是不注日期的引用文件,其最新版本(包括所有的修改单)适用于本文件。

GB/T 4925　渔网　合成纤维网片强力与断裂伸长率试验方法

GB/T 6964　渔网网目尺寸测量方法

GB/T 6965　渔具材料试验基本条件　预加张力

GB/T 21292　渔网　网目断裂强力的测定

3　术语和定义

SC/T 5001界定的以及下列术语和定义适用本文件。

3.1

经编网片　warp knitting netting

由两根相邻的经纱,沿网片纵向各自形成线圈并相互交替串连而构成的网片。

3.2

线圈　loop

一弯纱在其底部和顶部与其他弯纱相互串套,构成网片的基本组成单元。

3.3

横列　course

网片中线圈在横向联结而成的行列。

3.4

编织密度　stitch density

经编网片在规定长度内的线圈数。

3.5

名义股数　nominal ply

网片目脚截面单丝或单纱根数之和。

3.6

破目　broken mesh

网片内一个或更多的相邻的线圈断裂形成的孔洞。

3.7

并目　closed mesh

相邻目脚中因纱线牵连而不能展开的网目。

3.8

跳纱 float

一段纱线越过了应该与其相联结的线圈纵行。

3.9

缺股 missing strand

网片中部分线股断缺后形成的疵点。

3.10

定型 finalize the design

在外力拉伸或加热作用下,使网片达到预定网目尺寸的后处理方式。

3.11

经编网片纵向 N-direction of warp knitting netting

网目最长轴的方向。

4 标记

以表示网片材料、单丝直径、名义股数、网目尺寸等要素和本标准号构成标记。

示例:

单丝直径 0.20 mm,名义股数为 15 股,网目尺寸 20 mm 的聚乙烯经编网片标记为:

PE—0.20×15-20 mm JB SC/T 5021

5 技术要求

5.1 外观质量

网片的外观质量应符合表 1 的规定。

表 1 外观质量要求

项 目	计量单位	指标
并目[a]	%	0.05
破目	%	0.03
跳纱	%	0.05
缺股[a]	%	0.10
每处修补长度	m	2.0
修补率	%	0.08
注 1:每处修补长度以网目闭合时长度累计。		
注 2:修补率为网片修补目数相对该网片总目数的比值。		
[a] 表列的并目、缺股百分率仅指名义股数为 5 股的网片。对于 7 股、9 股、10 股、12 股、15 股的网片,其允许的偏差百分率应将表中所列数值乘以(股数/5),如 12 股网片的并目数为≤0.12%;缺股数≤0.24%。对于 15 股以上的网片,并目数应≤0.16%;缺股数应≤0.32%。		

5.2 网目长度及其偏差率

网目长度及其偏差率应符合表 2 的规定。

表 2 网目长度及其偏差率

网目尺寸 mm	未定型网目尺寸允许偏差率 %	定型网目尺寸允许偏差率 %
≤10	±8.0	±7.0
11~20	±6.5	±6.0
21~45	±6.0	±5.0
46~80	±4.5	±4.0
81~120	±4.3	±4.0
>121	±4.3	±3.5

5.3 编织密度

编织密度应符合表3的规定。

表3 编织密度

名义股数	网目尺寸范围 mm	编织密度 横列 10 mm
4	6～35	≥4.7
5	8～40	≥4.5
7	10～40	≥4.1
9	10～50	≥4.0
10	12～50	≥3.8
12	12～60	≥3.6
14	15～60	≥3.5
15	15～70	≥3.4
17	15～70	≥3.3
18	15～70	≥3.3
19	15～70	≥3.3
20	15～100	≥3.2
22	18～100	≥3.2
24	18～100	≥3.2
25	20～100	≥3.1
27	20～100	≥3.1
29	22～100	≥3.1
30	22～120	≥3.0
32	25～120	≥2.9
34	25～120	≥2.8
35	25～120	≥2.7
37	25～120	≥2.6
39	25～120	≥2.5
40	25～150	≥2.4
42	28～150	≥2.3
44	28～150	≥2.2
45	28～150	≥2.1
47	28～150	≥2.0
49	28～150	≥1.8
50	28～180	≥1.8
52	30～180	≥1.6
54	30～200	≥1.6
55	30～200	≥1.6
57	30～300	≥1.5
59	30～300	≥1.5
60	30～300	≥1.3
表中未列出的、介于4股～60股之间的其他股数网片,其编织密度可按表中相邻较少股数规格的要求执行。		

5.4 网片纵向断裂强力及其变异系数

单丝直径为0.20 mm、未定型网片的纵向断裂强力及其变异系数应符合表4的规定。

119

表 4 未定型网片的纵向断裂强力及其变异系数要求

名义股数	变异系数≤ %	断裂强力≥ N
4	8.0	254
5	8.0	315
7	8.0	436
9	8.0	556
10	7.5	616
12	7.5	734
14	7.5	852
15	7.5	911
17	7.5	1 030
18	7.5	1 090
19	7.5	1 140
20	7.5	1 200
22	7.5	1 320
24	7.5	1 430
25	7.5	1 490
27	7.5	1 610
29	7.5	1 720
30	7.5	1 780
32	7.5	1 890
34	7.5	2 010
35	7.5	2 060
37	7.5	2 180
39	7.5	2 290
40	7.5	2 350
42	7.5	2 460
44	7.5	2 570
45	7.5	2 630
47	7.5	2 740
49	7.5	2 860
50	7.5	2 910
52	7.5	3 030
54	7.5	3 140
55	7.5	3 190
57	7.5	3 310
59	7.5	3 420
60	7.5	3 470
表中未列出的、介于 4 股～60 股之间的其他股数网片,其网片纵向断裂强力可按表中相邻规格用插值法得出,其变异系数应小于等于相邻较少股数规格的要求。		

5.5 网目断裂强力及其变异系数

单丝直径为 0.20 mm、定型后网片的网目断裂强力及其变异系数应符合表 5 的规定。

表5　定型后网片的网目断裂强力及其变异系数要求

名义股数	变异系数≤ %	断裂强力≥ N
4	8.5	53.9
5	8.5	65.7
7	8.5	89.6
9	8.5	113
10	8.0	125
12	8.0	147
14	8.0	170
15	8.0	181
17	8.0	203
18	8.0	214
19	8.0	225
20	8.0	236
22	8.0	258
24	8.0	280
25	8.0	290
27	8.0	312
29	8.0	333
30	8.0	344
32	8.0	365
34	8.0	386
35	8.0	396
37	8.0	417
39	8.0	438
40	8.0	448
42	8.0	469
44	8.0	489
45	8.0	500
47	8.0	520
49	8.0	541
50	8.0	551
52	7.8	571
54	7.8	591
55	7.8	602
57	7.8	622
59	7.8	642
60	7.8	652
表中未列出的、介于4股～60股之间的其他股数网目断裂强力可按表中相邻规格用插值法得出,其变异系数应小于等于相邻较少股数规格的要求。		

5.6　网片的断裂强力系数

实测网片中聚乙烯单丝的直径,该规格网片的强力指标值以表4或表5中相应名义股数的指标值乘以表6所示的系数得出,取有效位数3位;变异系数要求不变。

表6 聚乙烯单丝经编网片的断裂强力系数

单丝直径 mm	系数
0.18	0.810
0.19	0.902
0.20	1.00
0.21	1.10
0.22	1.21

5.7 网片修补

网片破洞应采用总股数略大于经编网名义股数的聚乙烯网线、以手工编织单死结网片的方式修补。若采用其他方法修补,须供需双方协商一致。

6 试验方法

6.1 外观质量

网片中的每处修补长度采用钢卷尺检验,其他外观质量应在自然光线下通过目测进行检验。

6.2 网目长度及其偏差率

网目长度按 GB/T 6964 和 GB/T 6965 的规定进行检验,网目长度每个试样的有效测定次数不少于5次,取其算术平均值,保留2位有效数字。网目长度偏差率按式(1)计算。

$$\Delta 2a = \frac{2a - 2a'}{2a'} \times 100 \quad\cdots\cdots\cdots\cdots\cdots\cdots\cdots\cdots\cdots\cdots\cdots\cdots\cdots\cdots \quad (1)$$

式中:

$\Delta 2a$ ——网目长度偏差率,单位为百分率(%);

$2a$ ——网片的实测网目长度,单位为毫米(mm);

$2a'$ ——网片的公称网目长度,单位为毫米(mm)。

6.3 编织密度

使用钢卷尺或织物密度镜测量网目目脚 20 mm 长度内的线圈数,得到编织密度,以 $\frac{横列}{10\,mm}$ 为单位。编织密度每个试样的有效测定次数不少于5次,取其算术平均值,保留2位有效数字。

6.4 网片断裂强力及其变异系数

6.4.1 网片纵向断裂强力

网片纵向断裂强力按 GB/T 4925 的规定进行检验。网片纵向断裂强力每个试样的有效测定次数不少于10次,取其算术平均值,保留3位有效数字。

6.4.2 网目断裂强力

网目断裂强力按 GB/T 21292 的规定进行检验。网目断裂强力每个试样的有效测定次数不少于10次,取其算术平均值,保留3位有效数字。

6.4.3 网片纵向断裂强力或网目断裂强力的变异系数

网片纵向断裂强力或网目断裂强力的变异系数按式(2)计算。

$$CV = \frac{1}{\overline{F}_x} \sqrt{\frac{1}{n-1}\sum_{i=1}^{n}(F_{xi} - \overline{F}_x)^2} \times 100 \quad\cdots\cdots\cdots\cdots\cdots\cdots\cdots \quad (2)$$

式中:

CV ——网片纵向断裂强力或网目断裂强力的变异系数,单位为百分率(%);

$\overline{F}_x$ ——网片纵向断裂强力或网目断裂强力算术平均值,单位为牛(N);

F_{xi} ——每次测试的网片纵向断裂强力或网目断裂强力,单位为牛(N)。

6.5 单丝直径测量方法

网片中拆出的单丝直径测量,用微米千分尺在其一点测量直径,再绕轴线旋转约 90°后测量一次,分别读取测量值各一个,每个试样的有效测定次数不少于 5 次,求平均值并取小数点后两位。

7 检验规则

7.1 出厂检验

7.1.1 每批产品应经厂检验部门进行出厂检验,合格后并附有合格证方可出厂。

7.1.2 出厂检验项目为 5.1、5.2 和 5.4 或 5.5 中规定的项目。

7.2 型式检验

7.2.1 正常生产时,每年至少应进行一次型式检验,有下列情况之一时亦应进行型式检验:
——新产品试制定型时或老产品转厂生产时;
——原材料和工艺有重大改变,有可能影响产品性能时;
——国家质量管理部门提出型式检验要求时。

7.2.2 型式检验项目为第 5 章的全部项目。

7.2.3 产品按批量抽样,在相同工艺条件下,同一品种、同一规格的 100 片网片为一批,不足 100 片应按一批处理。

7.2.4 从每批样品中随机抽取 5 片做型式检验,按下列方法进行判定:
——在检验结果中,若所有样品的全部检验项目符合第 5 章的要求,则判该批产品合格;
——在检验结果中,若有 1 个或 1 个以上样品的网片纵向断裂强力不符合 5.4 要求,则判该批产品不合格;
——在检验结果中,若有 2 个或 2 个以上样品除网片纵向断裂强力以外的检验项目不符合本标准相应要求时,则判该批产品不合格;
——在检验结果中,若有 1 个样品除网片纵向断裂强力以外的检验项目不符合本标准相应要求时,则应对该批产品加倍抽样进行复检,若复检结果仍不符合要求,则判该批产品不合格。

8 标志、标签、包装、运输及储存

8.1 标志、标签

每片网片应附有产品合格证作为标签,合格证上应标明产品的标记、商标、生产企业名称与详细地址、生产日期和执行标准编号。

8.2 包装

应捆扎牢固,便于运输。

8.3 运输

在运输时应避免拖曳摩擦,应避免用锋利工具钩挂。

8.4 储存

应储存在远离热源、无阳光直射、通风干燥、无腐蚀性化学物质的场所。产品储存期超过一年,应经复检后方可出厂。

————————————

ICS 65.150
B 56

中华人民共和国水产行业标准

SC/T 5022—2017

超高分子量聚乙烯网片 经编型

Ultra-high molecular weight polyethylene netting—Warp knitting type

2017-06-12 发布

2017-10-01 实施

中华人民共和国农业部 发布

前　　言

本标准按照 GB/T 1.1—2009 给出的规则起草。

请注意本文件的某些内容可能涉及专利。本文件的发布机构不承担识别这些专利的责任。

本标准由农业部渔业渔政管理局提出。

本标准由全国水产标准化技术委员会渔具及渔具材料分技术委员会(SAC/TC 156/SC 4)归口。

本标准起草单位:中国水产科学研究院东海水产研究所、山东爱地高分子材料有限公司、荣成市海洋渔业有限公司、江苏昇和塑业有限公司、惠州市艺高网业有限公司、海安中余渔具有限公司、中国水产科学研究院渔业机械仪器研究所、上海海洋大学、浙江海味鲜食品开发有限公司、浙江省平阳县碧海仙山海产品开发有限公司、浙江东一海洋经济发展有限公司、三沙美济渔业开发有限公司、淄博美标高分子纤维有限公司和农业部绳索网具产品质量监督检验测试中心。

本标准主要起草人:石建高、何飞、杨劲峰、黄南婷、钟文珠、吕健斌、张健、魏平、程世琪、吕呈涛、刘永利、陈晓雪、余雯雯、曹文英、王磊、李普友、马海有、卢文、黄中兴、孟祥君、常广、贾陆林、张亮、徐学明。

超高分子量聚乙烯网片　经编型

1　范围

本标准规定了超高分子量聚乙烯经编网片的术语和定义、标记、技术要求、检验方法、检验规则、标志、标签、包装、运输及储存。

本标准适用于以超高分子量聚乙烯纤维加工制作的渔用菱形网目超高分子量聚乙烯经编网片。

2　规范性引用文件

下列文件对于本文件的应用是必不可少的。凡是注日期的引用文件,仅注日期的版本适用于本文件。凡是不注日期的引用文件,其最新版本(包括所有的修改单)适用于本文件。

GB/T 4925　渔网　合成纤维网片强力与断裂伸长率试验方法

GB/T 6964　渔网网目尺寸测量方法

GB/T 6965　渔具材料试验基本条件　预加张力

GB/T 21292　渔网　网目断裂强力的测定

3　术语和定义

GB/T 4146.1及SC/T 5001—2014界定的以及下列术语和定义适用本文件。为了便于使用,以下重复列出了GB/T 4146.1及SC/T 5001—2014中的一些术语和定义。

3.1

超高分子量聚乙烯纤维　ultra high molecular weight polyethylene fiber

相对分子质量为100万～500万的线性聚乙烯所制得的纤维。

注1:ultra high molecular weight polyethylene简称UHMWPE。

注2:改写GB/T 4146.1—2009,定义3.28。

3.2

经编网片　warp knitting netting

由两根相邻的经纱,沿网片纵向各自形成线圈并相互交替串连而构成的网片。

注:改写SC/T 5001—2014,定义2.13.1。

3.3

线圈　loop

一弯纱在其底部和顶部与其他弯纱相互串套,构成网片的基本组成单元。

注:改写SC/T 5001—2014,定义2.13.7。

3.4

横列　course

网片中线圈在横向联结而成的行列。

注:改写SC/T 5001—2014,定义2.13.8。

3.5

编织密度　stitch density

经编网片在规定长度内的线圈数。

注:改写SC/T 5001—2014,定义2.13.9。

3.6

名义股数　nominal ply

网片目脚截面单丝或单纱根数之和。

[SC/T 5001—2014,定义 2.13.11]

3.7

破目　broken mesh

网片内一个或更多的相邻的线圈断裂形成的孔洞。

3.8

并目　closed mesh

相邻目脚中因纱线牵连而不能展开的网目。

3.9

跳纱　float

一段纱线越过了应该与其相联结的线圈纵行。

3.10

缺股　missing strand

网片中部分线股断缺后形成的疵点。

4　标记

网片按下列方法标记:

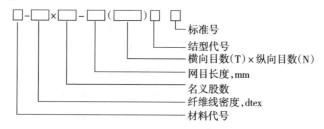

标准号
结型代号
横向目数(T)×纵向目数(N)
网目长度,mm
名义股数
纤维线密度,dtex
材料代号

示例:

以线密度为 1 778 dtex 的超高分子量聚乙烯纤维制作的名义股数为 7 股、网目长度为 30 mm、横向目数 100、纵向目数 600 的网片标记为 UHMWPE-1 778 dtex×7-30 mm(100 T×600 N)JB SC/T 5022。

5　技术要求

5.1　外观质量

网片的外观质量应符合表 1 的规定。

表 1　外观质量要求

序号	项目	不同名义股数下的网片外观质量要求	
		5 股网片	5 股以上网片
1	破目	≤0.03%	≤0.03%
2	并目a	≤0.05%	≤(0.01%×名义股数)
3	跳纱	≤0.01%	≤0.01%
4	缺股a	≤0.10%	≤(0.02%×名义股数)
5	修补率	≤0.10%	≤0.10%
6	每处修补长度	≤2.00 m	≤2.00 m

注 1:每处修补长度以网目闭合时的长度累计。

注 2:破目、并目、跳纱、缺股和修补率均为网片中发生的外观质量疵点目数与网片总目数的比值。

a 对 5 股以上网片,可通过名义股数计算出其允许的并目、缺股要求;如 12 股网片的并目数要求为≤0.12%、缺股数要求为≤0.24%。

5.2 网目长度及其偏差率

网片的网目长度及其偏差率应符合表2的规定。

表 2 网目长度及其偏差率要求

网目长度(2a),mm	要求,%	
	未定型	定型后
2a≤10	±8.0	±7.0
10<2a≤20	±6.5	±6.0
20<2a≤45	±6.0	±5.0
45<2a≤80	±4.5	±4.0
80<2a≤120	±4.3	±4.0
2a>120	±4.3	±3.5

5.3 编织密度

网片的编织密度应符合表3的规定。

表 3 编织密度

名义股数(n)	编织密度,$\dfrac{横列}{10\ mm}$
5~6	≥2.5
7~9	≥2.3
10~11	≥2.2
12~14	≥2.1
15~20	≥2.0

5.4 网片纵向断裂强力及其变异系数

5.4.1 网片纵向断裂强力

网片纵向断裂强力应不小于式(1)的计算结果。

$$F_w = f_w \times \rho_x \times n \cdots\cdots\cdots\cdots\cdots\cdots\cdots\cdots\cdots\cdots\cdots (1)$$

式中：

F_w ——网片纵向断裂强力(保留3位有效数字),单位为牛(N)；

f_w ——网片纵向断裂强力系数(见表4)；

ρ_x ——网片纤维的线密度,单位为分特克斯(dtex)；

n ——网片的名义股数。

表 4 网片纵向断裂强力系数

名义股数(n)	5~6	7~9	10~11	12~14	15~20
网片纵向断裂强力系数(f_w)	0.265 5	0.259 2	0.247 5	0.238 5	0.250 0

5.4.2 网片纵向断裂强力的变异系数

网片纵向断裂强力的变异系数应符合表5的规定。

表 5 网片纵向断裂强力的变异系数

名义股数(n)	5~9	10~20
网片纵向断裂强力的变异系数	≤9.0	≤8.5

5.5 网目断裂强力及其变异系数

5.5.1 网目断裂强力

网目断裂强力应不小于式(2)的计算结果。

$$F_M = f_M \times \rho_x \times n \quad\cdots\cdots\cdots\cdots\cdots\cdots\cdots\cdots\cdots\cdots\cdots\cdots\cdots\cdots (2)$$

式中：

F_M ——网目断裂强力(保留 3 位有效数字)，单位为牛(N)；

f_M ——网目断裂强力系数(见表6)。

表 6   网目断裂强力系数

名义股数(n)	5~6	7~9	10~11	12~14	15~20
网目断裂强力系数(f_M)	0.070 20	0.069 66	0.069 57	0.069 48	0.069 39

5.5.2   网目断裂强力的变异系数

网目断裂强力的变异系数应符合表7的规定。

表 7   网目断裂强力的变异系数

名义股数(n)	5~9	10~20
网目断裂强力的变异系数	≤8.0	≤7.5

6   检验方法

6.1   外观质量

网片中的每处修补长度采用钢卷尺检验，其他外观质量应在自然光线下通过目测进行检验。

6.2   网目长度及其偏差率

网目长度按 GB/T 6964 和 GB/T 6965 的规定进行检验，网目长度每个试样的有效测定次数不少于 5 次，取其算术平均值，保留 2 位有效数字。网目长度偏差率按式(3)计算。

$$\Delta 2a = \frac{2a - 2a'}{2a'} \times 100 \quad\cdots\cdots\cdots\cdots\cdots\cdots\cdots\cdots\cdots\cdots\cdots\cdots (3)$$

式中：

$\Delta 2a$ ——网目长度偏差率，单位为百分率(%)；

$2a$ ——网片的实测网目长度，单位为毫米(mm)；

$2a'$ ——网片的公称网目长度，单位为毫米(mm)。

6.3   编织密度

使用钢卷尺或织物密度镜测量网目目脚 20 mm 长度内的线圈数，得到编织密度，以 $\dfrac{\text{横列}}{10\ \text{mm}}$ 为单位。编织密度每个试样的有效测定次数不少于 5 次，取其算术平均值，保留 2 位有效数字。

6.4   网片断裂强力及其变异系数

6.4.1   网片纵向断裂强力

网片纵向断裂强力按 GB/T 4925 的规定进行检验。网片纵向断裂强力每个试样的有效测定次数不少于 10 次，取其算术平均值，保留 3 位有效数字。

6.4.2   网目断裂强力

网目断裂强力按 GB/T 21292 的规定进行检验。网目断裂强力每个试样的有效测定次数不少于 10 次，取其算术平均值，保留 3 位有效数字。

6.4.3   网片纵向断裂强力或网目断裂强力的变异系数

网片纵向断裂强力或网目断裂强力的变异系数按式(4)进行计算。

$$CV = \frac{1}{\overline{F}_x} \sqrt{\frac{1}{n-1} \sum_{i=1}^{n} (F_{xi} - \overline{F}_x)^2} \times 100 \quad\cdots\cdots\cdots\cdots\cdots\cdots\cdots (4)$$

式中：

CV——网片纵向断裂强力或网目断裂强力的变异系数,单位为百分率(%)；

$\bar{F}_x$——网片纵向断裂强力或网目断裂强力算术平均值,单位为牛(N)；

F_{xi}——每次测试的网片纵向断裂强力或网目断裂强力,单位为牛(N)。

7 检验规则

7.1 出厂检验

7.1.1 每批产品应经厂检验部门进行出厂检验,合格后并附有合格证方可出厂。

7.1.2 出厂检验项目为5.1、5.2和5.4.1规定的内容。

7.2 型式检验

7.2.1 正常生产时,每年至少应进行一次型式检验,有下列情况之一时亦应进行型式检验：
——新产品试制定型时或老产品转厂生产时；
——原材料和工艺有重大改变,有可能影响产品性能时；
——国家质量管理部门提出型式检验要求时。

7.2.2 型式检验项目为第5章的全部项目。

7.2.3 产品按批量抽样,在相同工艺条件下,同一品种、同一规格的100片网片为一批,不足100片应按一批处理。

7.2.4 从每批样品中随机抽取5片作为样品进行检验。

7.2.5 型式检验按下列方法进行判定：
——在检验结果中,若所有样品的全部检验项目符合第5章的要求,则判该批产品合格；
——在检验结果中,若有1个或1个以上样品的网片纵向断裂强力不符合5.4.1的要求,则判该批产品不合格；
——在检验结果中,若有2个或2个以上样品除网片纵向断裂强力以外的检验项目不符合本标准相应要求时,则判该批产品不合格；
——在检验结果中,若有1个样品除网片纵向断裂强力以外的检验项目不符合本标准相应要求时,则应对该批产品加倍抽样进行复检,若复检结果仍不符合要求,则判该批产品不合格。

8 标志、标签、包装、运输及储存

8.1 标志、标签

每片网片应附有产品合格证作为标签,合格证上应标明产品的标记、商标、生产企业名称与详细地址、生产日期和执行标准编号。

8.2 包装

应捆扎牢固,便于运输。

8.3 运输

在运输时应避免拖曳摩擦,应避免用锋利工具钩挂。

8.4 储存

应储存在远离热源、无阳光直射、通风干燥、无腐蚀性化学物质的场所。产品储存期超过一年,须经复检后方可出厂。

ICS 65.150
B 52

中华人民共和国水产行业标准

SC/T 5062—2017

金 龙 鱼

Golden arowana

2017-06-12 发布
2017-10-01 实施

中华人民共和国农业部 发布

前　言

本标准按照 GB/T 1.1—2009 给出的规则起草。

请注意本文件的某些内容可能涉及专利。本文件的发布机构不承担识别这些专利的责任。

本标准由农业部渔业渔政管理局提出。

本标准由全国水产标准化技术委员会观赏鱼分技术委员会(SAC/TC 156/SC 8)归口。

本标准起草单位:中国水产科学研究院珠江水产研究所。

本标准起草人:胡隐昌、牟希东、汪学杰、宋红梅、杨叶欣、顾党恩、罗渡、刘超、罗建仁。

金 龙 鱼

1 范围

本标准给出了金龙鱼(*Scleropages formosus* sp.)的学名与分类、主要形态构造特征、繁殖、细胞遗传学特性、检测方法及判定规则。

本标准适用于金龙鱼的种质检测与鉴定。

2 规范性引用文件

下列文件对于本文件的应用是必不可少的。凡是注日期的引用文件,仅注日期的版本适用于本文件。凡是不注日期的引用文件,其最新版本(包括所有的修改单)适用于本文件。

GB/T 18654.1 养殖鱼类种质检验 第1部分:检验规则

GB/T 18654.2 养殖鱼类种质检验 第2部分:抽样方法

GB/T 18654.3 养殖鱼类种质检验 第3部分:性状测定

GB/T 18654.12 养殖鱼类种质检验 第12部分:染色体组型分析

3 学名与分类

3.1 学名

美丽硬仆骨舌鱼(*Scleropages formosus* sp.)。

3.2 分类地位

骨舌鱼目(Osteoglossiformes)、舌鱼科(Osteoglossidae)、体鱼属(*Scleropages*)、丽硬仆骨舌鱼(*Scleropages formosus*)。金龙鱼属于美丽硬仆骨舌鱼的一个地理种群。

4 主要形态构造特征

4.1 外部形态特征

4.1.1 外形

体侧扁,头较大,体色暗黄至金黄,部分个体体色呈深蓝或紫色。鳃盖金色,具金属光泽。被圆鳞,鳞嵴成网状排列,鳞片边缘环绕金色条带,鼻孔左右各一个,口上位,上下颌咬合紧密,口裂宽而唇厚。有舌,舌具软骨,舌端宽圆并游离。头背部平直,颐须1对,细而短。背鳍后位,后缘与臀鳍对应,胸鳍宽且尖,不分枝鳍条可达腹鳍基部,腹鳍小,尾鳍扇形。金龙鱼的外部形态见图1。

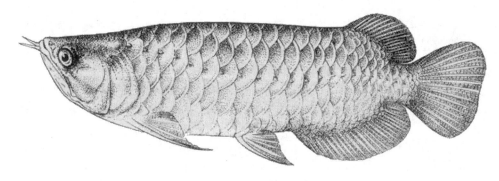

图1 金龙鱼外部形态图

4.1.2 可数性状

4.1.2.1 鳍式

背鳍 D. V —13～14。胸鳍 P. i —6。腹鳍 V. i —4。臀鳍 A. ii —23～24。尾鳍 C.15。

4.1.2.2 侧线鳞式

$23\dfrac{3}{3—V}25$。

4.1.2.3 第一鳃弓外侧鳃耙数

15～17。

4.1.3 可量性状

金龙鱼主要可量性状比值见表1(样本体重92.6g～1 684g,体长18.5cm～46.6cm)。

表 1 金龙鱼主要可量性状实测比值

性状	比值范围
全长/体长	1.11～1.19
体长/体高	4.03～4.35
体长/体宽	7.14～8.82
体长/头长	4.36～4.58
体长/尾柄长	14.97～22.45
尾柄长/尾柄高	0.52～0.80
头长/眼径	5.75～7.16
头长/吻长	10.05～15.77

4.2 内部构造特征

4.2.1 脊椎骨61枚～62枚。

4.2.2 胃呈U形盘曲。幽门盲囊2个。

4.2.3 鳔一室,上部与体腔壁粘连,长度与腹腔相当。

4.2.4 性腺一个,位于鳔下方。

4.2.5 腹膜无色透明。

5 繁殖

5.1 性成熟年龄与规格

性成熟年龄雌雄均为 4^+ 龄,最小成熟个体体长不小于35 cm。

5.2 繁殖习性

雌雄异体,一年多次产卵,每次产卵量20粒～50粒,卵径12 mm～15 mm,口孵护幼。繁殖水温26℃～32℃,最适繁殖水温28℃～30℃。

6 细胞遗传学特性

体细胞染色体数:$2n=50$;核型公式:$2n=2m+8sm+8st+32t$;染色体臂数(NF):60;染色体组型见图2。

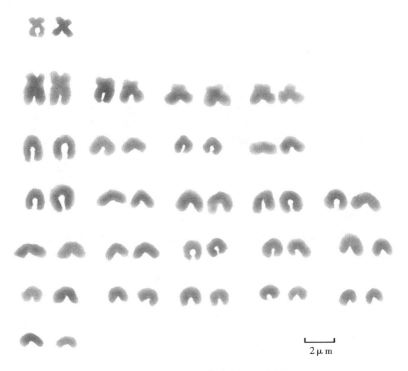

图2　金龙鱼染色体组型图

7　检测方法

7.1　抽样

对群体进行检测时按 GB/T 18654.2 的规定执行。

7.2　性状测定

按 GB/T 18654.3 的规定执行。

7.3　年龄判定

以引进当年幼鱼为1龄,结合鱼体内置芯片及华盛顿公约组织(CITES)注册鱼场提供的身份证明判定年龄。

7.4　染色体分析

按 GB/T 18654.12 的规定执行。

8　判定规则

8.1　被检样品个体的判定

将被检样品个体检验结果与本标准规定进行逐项对照,判定为合格品和不合格品两类。

各检验项目检验结果的判定见表2。

表2　被检样品个体检测结果的判定

检测项目	合格品	不合格品
外形	符合或与标准规定相似	不符合标准规定
可数性状	符合标准规定或与规定有微小差异的性状不超过1个	不符合标准规定或与规定有明显差异
可量性状	符合标准规定或比值范围在标准规定之外的性状数不超过2个	比值范围在标准规定之外的性状数达3个或以上
脊椎骨数	符合标准规定	不符合标准规定

表 2（续）

检测项目	合格品	不合格品
鳔室数	符合标准规定	不符合标准规定
性腺数	符合标准规定	不符合标准规定
腹膜颜色	符合标准规定	不符合标准规定
细胞遗传学特征[a]	染色体数符合标准规定，总臂数符合标准规定或差异不超过 5%	染色体数不符合标准规定或总臂数与标准规定的差异超过 5%
[a]　测定值不符合标准规定的为不合格品，其他检查项目 2 项测定值超出标准规定值±5%的为不合格品		

8.2　被检样品综合判定

按 GB/T 18654.1 的规定执行。

8.3　综合检验报告及复检

按 GB/T 18654.1 的规定执行。

ICS 65.150
B 50

中华人民共和国水产行业标准

SC/T 5106—2017

观赏鱼养殖场条件 小型热带鱼

Conditions of ornamental fish farms—Small tropical fish

2017-12-22 发布

2018-06-01 实施

中华人民共和国农业部 发布

前　言

本标准按照 GB/T 1.1—2009 给出的规则起草。

请注意本文件的某些内容可能涉及专利。本文件的发布机构不承担识别这些专利的责任。

本标准由农业部渔业渔政管理局提出。

本标准由全国水产标准化技术委员会观赏鱼分技术委员会(SAC/TC 156/SC 8)归口。

本标准起草单位:中国水产科学研究院珠江水产研究所。

本标准主要起草人:汪学杰、宋红梅、刘奕、牟希东、刘超、胡隐昌、顾党恩、杨叶欣、罗渡、徐猛、韦慧、罗建仁。

观赏鱼养殖场条件　小型热带鱼

1　范围

本标准规定了小型热带观赏鱼养殖场的场址选择、养殖系统、温控系统、隔离设施和水处理设施等。

本标准适用于小型热带观赏鱼养殖场。

2　规范性引用文件

下列文件对于本文件的应用是必不可少的。凡是注日期的引用文件，仅注日期的版本适用于本文件。凡是不注日期的引用文件，其最新版本（包括所有的修改单）适用于本文件。

GB/T 13869　用电安全导则

NY/T 5361　无公害农产品　淡水养殖产地环境条件

NY/T 5362　无公害农产品　海水养殖产地环境条件

SC/T 9101　淡水池塘养殖水排放要求

SC/T 9103　海水养殖水排放要求

3　场址选择

应选择环境良好、水源充足、交通便利、供电网络覆盖的场所，其他条件应符合 NY/T 5361 或 NY/T 5362 的规定。

4　养殖系统

4.1　设置场地

鱼缸宜置于建筑物底层，鱼池宜建于地面或建筑物底层。

4.2　形状及规格

宜为长方形，高度 20 cm～100 cm，长度≥宽度≥高度。

4.3　质量

坚固、无渗漏、内壁光滑、能抵御弱酸性或弱碱性水的侵蚀。

4.4　结构

设排水口和溢水口各一个。排水口和溢水口外应加设防逃网罩。容积 10 m³ 或以上的鱼池，宜分隔为养殖区和净化处理区两部分，二者容积比为 5∶1～10∶1。进水口可根据需要设立。

5　配套设施

5.1　动力设施

应配备交流电，并配备备用电源。电力系统的设置安装应符合 GB/T 13869 的规定。

5.2　进排水设施

进排水系统由蓄水池、水泵、水管、废水处理池及阀门组成。排水管的横截面积应为同级进水管横截面积的 2 倍左右。

进排水系统可与循环净化系统相结合。

5.3　增氧设施

采用压缩空气或氧气增氧，并保证养殖水体溶氧浓度不低于 5.0 mg/L。

可采用一套覆盖全场的增氧系统,或采用相互独立的数个增氧系统。应配置备用风泵或鼓风机。

5.4 水质循环净化系统

可采用每个养殖单元独立净化或多个养殖单元共用一套循环净化系统的方式。每个循环净化系统应同时具备物理净化和生物净化的功能。

5.5 遮阳、遮雨设施

露天养殖单元宜设置遮阳、遮雨设施,遮阳网的遮光率应不小于70%,遮阳、遮雨设施以不妨碍鱼池的通风及日常管理操作为宜。

5.6 光照设施

宜在室内养殖场所设置灯光照明装置,灯光性质宜为全色光,亮度应能满足养殖对象正常生长的需要。

5.7 防疫设施

多个养殖单元共用的循环净化系统,应在回流水总水口设置杀菌消毒装置,可选用封闭式紫外线杀菌管、水下紫外灯或臭氧消毒机等设备。

6 温控系统

6.1 升温设施

宜以热泵、热水炉等为主要热源设备,以太阳能热水器为辅助热源装置。

6.2 保温设施

保温设施的主体为温室。温室墙体宜采用隔热材料建造,单层温室的屋顶宜兼具保温和透光功能。

7 隔离设施

养殖场应设独立的隔离室,隔离室内的每个养殖单元进排水、过滤、增氧装置各自独立。

8 水处理设施

8.1 水源水处理设施

应满足消毒、沉淀、过滤、生物净化的需要,经处理的水质应符合 NY/T 5361 或 NY/T 5362 的规定。

8.2 排放水处理设施

应设置集中处理外排水的净化池,净化池应具备物理净化和生物净化功能,外排水质量应符合 SC/T 9101 或 SC/T 9103 的规定。

———————————

ICS 65.150
B 52

中华人民共和国水产行业标准

SC/T 5107—2017

观赏鱼养殖场条件　大型热带淡水鱼

Conditions of ornamental fish farms—Large tropical freshwater fish

2017-12-22 发布

2018-06-01 实施

中华人民共和国农业部 发布

前　言

　　本标准按照 GB/T 1.1—2009 给出的规则起草。

　　请注意本文件的某些内容可能涉及专利。本文件的发布机构不承担识别这些专利的责任。

　　本标准由农业部渔业渔政管理局提出。

　　本标准由全国水产标准化技术委员会观赏鱼分技术委员会(SAC/TC 156/SC 8)归口。

　　本标准起草单位:中国水产科学研究院珠江水产研究所、北京市水产科学研究所。

　　本标准主要起草人:汪学杰、宋红梅、牟希东、刘奕、刘超、胡隐昌、顾党恩、杨叶欣、罗渡、徐猛、韦慧、朱华、史东杰、李文通、梁拥军。

观赏鱼养殖场条件 大型热带淡水鱼

1 范围

本标准规定了大型热带淡水观赏鱼养殖场的场址选择、养殖系统、配套设施、温控系统、隔离设施、防逃逸设施及水处理设施。

本标准适用于大型热带淡水观赏鱼养殖场。

2 规范性引用文件

下列文件对于本文件的应用是必不可少的。凡是注日期的引用文件,仅注日期的版本适用于本文件。凡是不注日期的引用文件,其最新版本(包括所有的修改单)适用于本文件。

GB/T 13869 用电安全导则

NY/T 5361 无公害农产品 淡水养殖产地环境条件

SC/T 6048 淡水养殖池塘设施要求

SC/T 9101 淡水池塘养殖水排放要求

3 场址选择

应选择环境良好、水源充足、交通便利、供电网覆盖的场所,其他条件应符合 NY/T 5361 的规定。

4 养殖系统

4.1 池塘

应符合 SC/T 6048 的规定。

4.2 鱼缸和水泥池

4.2.1 设置场地

鱼缸宜置于建筑物底层,水泥鱼池宜建于地面或建筑物底层。

4.2.2 形状及规格

宜为长方形,高度 50 cm～150 cm,鱼缸的宽度应不小于养殖对象预期的全长,长度应不小于养殖对象预期全长的 3 倍,可蓄水深度应不小于预期体高的 2 倍。

4.2.3 质量

坚固、无渗漏、内壁光滑。

4.2.4 结构

设排水口和溢水口各一个。排水口和溢水口外应加设防逃网罩。容积 10 m³ 或以上的鱼池,宜分隔为养殖区和净化处理区两部分,二者容积比为(5～10)∶1。进水口可根据需要设立。

5 配套设施

5.1 动力设施

应配备交流电,并配备备用电源,电力系统的设置安装应符合 GB/T 13869 的规定。

5.2 进排水设施

进排水系统由蓄水池、水泵、废水处理池及配套的水管和阀门组成。排水管的横截面积应为同级进水管横截面积的 2 倍左右。进排水系统可与循环净化系统相结合。

5.3 增氧设施

鱼缸和水泥池可采用气泵、空气压缩机、纯氧机或纯氧气罐增氧,并配套相应的管道、气阀和气石。池塘可采用增氧机或气泵作为增氧机械。增氧设施应能保证养殖水体溶氧浓度不低于 5.0 mg/L,并需配备备用增氧设施。

5.4 水质循环净化设施

水质净化可采用每个养殖单元独立净化或多个养殖单元共用一套净化系统的方式。多个养殖单元共用一套净化系统宜采用水泵驱动水流循环净化方式,每个净化系统应至少同时具备物理净化与生物净化两种构造和功能。独立净化系统水体内循环率为每天 4 次～10 次,多个养殖单元共用的净化系统水体外循环率为每天 2 次～5 次。

5.5 遮阳、遮雨设施

露天鱼缸或水泥池宜设置遮阳、遮雨设施,遮阳网的遮光率应不小于 70%,遮阳、遮雨设施以不妨碍鱼池的通风及日常管理操作为宜。

5.6 光照设施

宜在室内养殖场所设置灯光照明装置,灯光性质宜为全色光,亮度可控且最大亮度能满足养殖对象正常生长的需要。

5.7 防疫设施

多个养殖单元共用的循环净化系统,应在回流水总水口设置杀菌消毒装置,可选用封闭式紫外线杀菌管、水下紫外灯或臭氧消毒机等设备。

6 温控系统

6.1 升温设施

宜以热泵、热水炉等为主要热源设备,以太阳能热水器为辅助热源装置。

6.2 保温设施

保温设施的主体为温室。温室墙体宜采用隔热材料建造,单层温室的屋顶宜兼具保温和透光功能。

7 隔离设施

应设独立的隔离室,隔离室内的每个养殖单元进排水、过滤、增氧装置各自独立。

8 防逃逸设施

每一个养殖单元的排水口、循环系统的排水口及养殖场排污口,都应设置相应的防逃装置,鱼缸、水泥池可在必要时加防跳盖网或拦网。

9 水处理设施

9.1 水源水处理设施

应满足消毒、沉淀、过滤、生物净化的需要。

9.2 排放水处理设施

应设置集中处理外排水的净化池,净化池应具备物理净化和生物净化功能,外排水质量应符合 SC/T 9101 的规定。

ICS 65.150
B 52

中华人民共和国水产行业标准

SC/T 5706—2017

金鱼分级　珍珠鳞类

Classification of goldfish—The pearl-scale goldfish

2017-12-22 发布

2018-06-01 实施

中华人民共和国农业部 发布

前　言

本标准按照 GB/T 1.1—2009 给出的规则起草。

请注意本文件的某些内容可能涉及专利。本文件的发布机构不承担识别这些专利的责任。

本标准由农业部渔业渔政管理局提出。

本标准由全国水产标准化技术委员会观赏鱼分技术委员会(SAC/TC 156/SC 8)归口。

本标准起草单位:中国水产科学研究院珠江水产研究所、北京市水产科学研究所。

本标准主要起草人:胡隐昌、汪学杰、宋红梅、刘奕、牟希东、刘超、顾党恩、罗渡、杨叶欣、徐猛、韦慧、朱华、史东杰、李文通、梁拥军。

金鱼分级 珍珠鳞类

1 范围

本标准规定了珍珠鳞类金鱼(*Carassius auratus* L. var)的术语和定义、分级要求、检测方法及等级判定要求。

本标准适用于珍珠鳞类金鱼的分级及检验。

2 规范性引用文件

下列文件对于本文件的应用是必不可少的。凡是注日期的引用文件,仅注日期的版本适用于本文件。凡是不注日期的引用文件,其最新版本(包括所有的修改单)适用于本文件。

GB/T 18654.3 养殖鱼类种质检验 第3部分:性状测量

SC/T 5701—2014 金鱼分级 狮头

3 术语和定义

GB/T 18654.3、SC/T 5701—2014界定的以及下列术语和定义适用于本文件。

3.1

珍珠鳞 pearl-scale goldfish

鳞片为半球体或椭圆半球体,头部无增生物的金鱼。

3.2

皇冠珍珠鳞 crown pearl-scale goldfish

鳞片为半球体或椭圆半球体,头顶有帽状增生的金鱼。

3.3

帽子 cap

位于金鱼头顶部、与四周有明显界线的增生物。

[SC/T 5701—2014,定义3.2]。

4 要求

4.1 基本特征

4.1.1 体形

躯干部分近似圆球形,眼为正常眼,尾鳍4叶,臀鳍2叶。

4.1.2 体色

体色可为红、黑、红白、五花等色。

4.2 质量要求

全长≥6 cm;身体左右对称;身体平衡,泳姿端正;各鳍、鳞片基本完整无严重残缺;体表无病症。

4.3 分级指标

4.3.1 珍珠鳞

外形特征参见附录A中的图A.1。分为Ⅰ级、Ⅱ级、Ⅲ级共3个等级,Ⅰ级为最高质量等级。分级指标见表1。

表 1　珍珠鳞分级指标

指标	等级		
	Ⅰ级	Ⅱ级	Ⅲ级
体高/体长	≥0.65	≥0.60	≥0.55
体宽/体长	≥0.70	≥0.60	≥0.50
头长/体长	<0.40	<0.45	<0.45
尾翼前缘夹角	≥120°	≥90°	<90°
鳞片	排列整齐、立体感强、中腹部鳞片最大，其余部位渐次变小，躯干布满珠鳞	排列整齐、立体感明显、中腹部鳞片最大，其余部位渐次变小，躯干中部鳞片单侧缺失数不超过5枚	排列欠整齐，或立体感较差、鳞片大小变化无规律，躯干中部鳞片单侧缺失数超过5枚

4.3.2　皇冠珍珠鳞金鱼

外形特征参见图 A.2。皇冠珍珠鳞金鱼分为Ⅰ级、Ⅱ级、Ⅲ级共 3 个等级，Ⅰ级为最高质量等级。分级指标见表2。

表 2　皇冠珍珠鳞分级指标

指标	等级		
	Ⅰ级	Ⅱ级	Ⅲ级
体高/体长	≥0.70	≥0.65	≥0.55
体宽/体长	≥0.65	≥0.60	≥0.55
帽子高/帽子宽	≥0.60	≥0.50	<0.50
帽子宽/眼间距	≥1.15	≥1.00	<1.00
尾翼前缘夹角	≥120°	≥90°	<90°
帽子形态	左右对称，前后对称，轮廓曲面流畅，表面光滑，无黑斑	前后基本对称，表面基本光滑，或稍有黑斑	左右或不对称，轮廓曲面或不太流畅，表面或不够光滑，或有明显影响美观的黑斑
鳞片	排列整齐、立体感强、中腹部鳞片最大，其余部位渐次变小，躯干布满珠鳞	排列整齐、立体感明显、中腹部鳞片最大，其余部位渐次变小，躯干中部鳞片单侧缺失数不超过5枚	排列欠整齐，或立体感较差、鳞片大小变化不合理，躯干中部鳞片单侧缺失数超过5枚

5　检测方法

5.1　测量器材

量角器，精度 1°；卡尺，精度 0.01 mm；天平，精度 0.01 g。

5.2　相关指标检测方法

5.2.1　尾鳍前缘夹角

尾翼左右叶最前缘中部弧线的切线或直线的延伸线之间的夹角，见图1。

5.2.2　帽子宽

帽子的横向跨度，见图1。

5.2.3　帽子高

帽子侧面与头交界线到帽子顶端的垂直高度，见图2。

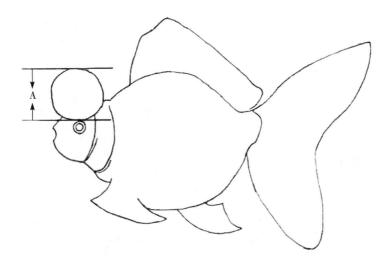

说明:
A——帽子高。

图 1　部分可量性状示意图之一

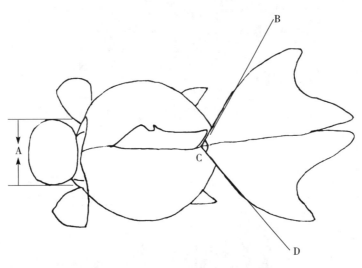

说明:
A——帽子宽;　　　　　　　　　　　　　　∠BCD——尾鳍前缘夹角。

图 2　部分可量性状图之二

5.2.4　其他指标的检测

按 GB/T 18654.3 规定的方法执行。

6　等级判定

每尾鱼的最终等级为全部指标中最低指标所处等级。

附　录　A

（资料性附录）

金鱼-琉金模式图

A.1　传统珍珠鳞金鱼模式图(俯视)

见图A.1。

图A.1　传统珍珠鳞金鱼模式图(俯视)

A.2　皇冠珍珠鳞金鱼模式图(俯视)

见图A.2。

图A.2　皇冠珍珠鳞金鱼模式图(俯视)

ICS 65.150
B 52

中华人民共和国水产行业标准

SC/T 5707—2017

锦鲤分级 白底三色类

Classification of koi carp—Three-color with white background

2017-12-22 发布
2018-06-01 实施

中华人民共和国农业部 发布

SC/T 5707—2017

前　言

本标准按照 GB/1.1—2009 给出的规则起草。

请注意本文件的某些内容可能涉及专利。本文件的发布机构不承担识别这些专利的责任。

本标准由农业部渔业渔政管理局提出。

本标准由全国水产标准化技术委员会观赏鱼分技术委员会(SAC/TC 156/SC 8)归口。

本标准起草单位:北京市水产科学研究所、中国水产科学研究院珠江水产研究所。

本标准主要起草人:梁拥军、李文通、朱华、史东杰、孙向军、徐四海、张欣、孙砚胜、张升利、朱莉飞、胡隐昌、汪学杰、牟希东、宋红梅。

锦鲤分级　白底三色类

1　范围

本标准规定了锦鲤 Koi carp(*Cyprinus carpio* L. var)中白底三色类品种的技术要求、检测方法及等级判定。

本标准适用于锦鲤中白底三色类品种的分级。

2　规范性引用文件

下列文件对于本文件的应用是必不可少的。凡是注日期的引用文件,仅注日期的版本适用于本文件。凡是不注日期的引用文件,其最新版本(包括所有的修改单)适用于本文件。

GB/T 18654.3　养殖鱼类种质检验　第 3 部分:性状测定

GSB 16‑2062—2007　中国颜色体系标准样册

3　术语和定义

GB/T 18654.3 界定的以及下列术语和定义适用于本文件。

3.1

白底三色锦鲤　**three-color with white background**

体表白色,具红色斑纹及少量墨色斑纹的锦鲤。

3.2

切边　**cutting edges**

鱼体红色斑纹的边缘线。

[SC/T 5703—2014,定义 3.3]。

4　技术要求

4.1　基本特征

4.1.1　体形

体纺锤形,躯干挺直,尾柄粗壮,从吻端至背鳍呈一直线。

4.1.2　鳍

鳍条完整,背鳍、臀鳍、尾鳍端正,胸鳍、腹鳍匀称且对称。

4.2　质量要求

体长≥12 cm;鱼体脊柱笔直;身体平衡,泳姿端正,游动稳健有力,尾柄摆动适中,体表无病兆。

4.3　分级指标

分为 A 级、B 级、C 级、D 级共 4 个等级,A 级为最高质量等级。分级指标见表 1。

表 1　白底三色锦鲤分级指标

指标	A 级	B 级	C 级	D 级
体形	体长/体高:2.6～3.0	体长/体高:2.6～3.0	体长/体高:2.4～3.3	体长/体高:2.2～3.6
	尾柄粗壮,侧视背脊呈弧线	尾柄粗壮,侧视背脊呈弧线	尾柄粗壮,侧视背脊呈弧线	尾柄较细,侧视背脊呈弧线

表 1（续）

指标		A 级	B 级	C 级	D 级
颜色		整体色彩鲜明,色泽明亮	整体色彩鲜明,色泽明亮	整体色彩鲜明	整体色彩较淡
		白色瓷白,符合 N9.5	白色瓷白,接近 N9.5	白色符合 N9.25	白色符合 N9.0、N8.75、2.5YR9/2、2.5YR8.5/3
		红斑质地均匀且浓厚,红色符合 5R4/11、5R4/12	红斑质地均匀且浓厚,红色接近 5R4/11、5R4/12	红斑颜色较淡,红色符合 10R5.5/14、10R5.25/14、10R5.25/14	红斑颜色较淡,红色符合 10R6/14
		墨斑质地均匀且浓厚,墨色符合 N2.75、N2.5	墨斑质地均匀且浓厚,墨色接近 N2.75、N2.5	墨斑颜色较淡,墨色符合 N3.0、N3.25、N3.5	墨斑颜色较淡,墨色符合 N3.75、N4.0
		颜色整体分布协调好	颜色整体分布协调较好	颜色整体分布基本协调	颜色整体分布基本协调
斑纹		应有横跨背脊中轴线的大块红斑,躯干两侧红斑匀称	应有横跨背脊中轴线的大块红斑,躯干两侧红斑匀称	红斑可为小块斑纹,躯干两侧红斑较匀称	红斑可为小块斑纹,或并有杂色小块斑纹,躯干两侧红斑不匀称
		头部无墨斑,鱼体墨斑为小块状	头部无墨斑,鱼体可以部分具点状墨斑	头部可有 1 块～2 块墨斑,鱼体可以部分具点状墨斑	头部可有 1 块～2 块墨斑,鱼体可以部分具点状墨斑
		从鼻孔到尾鳍基部的红斑总量须占鱼体整体表面积的 20%～60%。躯干部墨斑总量须占鱼体整体表面积的 5%～10%	从鼻孔到尾鳍基部的红斑总量须占鱼体整体表面积的 20%～60%。躯干部墨斑总量须占鱼体整体表面积的 5%～30%	从鼻孔到尾鳍基部的红斑总量无要求。躯干部墨斑总量须占鱼体整体表面积的 5%～30%	从鼻孔到尾鳍基部的红斑总量无要求。躯干部墨斑总量无要求
		头部红斑不应延伸至吻部,两侧不应延伸至眼上缘,眼部、颊部、鳃盖都无红斑	吻部、眼部可有 1 块～2 块小红斑	吻部、眼部、颊部、鳃盖可有红斑	头部红斑分布杂乱
		胸鳍可有放射状墨斑,其余各鳍无色斑	胸鳍可有放射状墨斑,其余各鳍可有一块墨斑或者红斑	胸鳍可有放射状墨斑,其余各鳍可有 2 块～3 块墨斑或者红斑	各鳍红斑、墨斑分布无要求
		尾柄上部有红斑、墨斑覆盖	尾柄上部有红斑或墨斑覆盖	尾柄处对红斑、墨斑无要求	尾柄处对红斑、墨斑无要求
		红斑、墨斑切边清晰、整齐;整体红斑、墨斑分布均匀	红斑、墨斑切边清晰、整齐;整体红斑、墨斑分布均匀	红斑、墨斑切边较清晰	红斑、墨斑切边可不清晰
		仅有部分或无以上特征,但红斑别具一格,形成流畅动感,形如闪电状,极具观赏性	仅有部分或无以上特征,但红斑别具一格,形成流畅动感,形如闪电状,颇具观赏性	仅有部分或无以上特征,但红斑别具一格,形成流畅动感,形如闪电状,较具观赏性	
		红斑错落有致,形成横向有序若段纹,极具观赏性	红斑错落有致,形成横向有序若段纹,颇具观赏性	红斑错落有致,形成横向有序若段纹,较具观赏性	
鳞		鳞片排列整齐,无脱落或缺损,无多余赘鳞及再生鳞	鳞片排列整齐,无脱落或缺损,无多余赘鳞及再生鳞		
注:颜色按中国颜色体系标准样册 GSB 16-2062—2007 判定。					

5 检测方法

5.1 可量性状

体长、体高按 GB/T 18654.3 的规定执行。

5.2 体色

颜色判定按 GSB 16‐2062—2007 的规定执行。

5.3 斑纹

采用目测。

6 等级判定

逐项检测全部指标,全部指标中等级最低的指标所处等级即为该鱼的等级,若出现争议按照最新的标准判定。

———————

ICS 65.150
B 52

中华人民共和国水产行业标准

SC/T 5708—2017

锦鲤分级 墨底三色类

Classification of koi carp—Three-color with black background

2017-12-22 发布   2018-06-01 实施

中华人民共和国农业部 发布

前　言

本标准按照 GB/1.1—2009 给出的规则起草。

请注意本文件的某些内容可能涉及专利。本文件的发布机构不承担识别这些专利的责任。

本标准由农业部渔业渔政管理局提出。

本标准由全国水产标准化技术委员会观赏鱼分技术委员会(SAC/TC 156/SC 8)归口。

本标准起草单位:北京市水产科学研究所、中国水产科学研究院珠江水产研究所。

本标准主要起草人:梁拥军、李文通、朱华、史东杰、孙向军、徐四海、张欣、孙砚胜、张升利、朱莉飞、胡隐昌、汪学杰、牟希东、宋红梅。

锦鲤分级 墨底三色类

1 范围

本标准规定了锦鲤 Koi carp(*Cyprinus carpio* L. var)中墨底三色类品种的技术要求、检测方法及等级判定。

本标准适用于锦鲤中墨底三色类品种的分级。

2 规范性引用文件

下列文件对于本文件的应用是必不可少的。凡是注日期的引用文件,仅注日期的版本适用于本文件。凡是不注日期的引用文件,其最新版本(包括所有的修改单)适用于本文件。

GB/T 18654.3 养殖鱼类种质检验 第3部分:性状测定

GSB 16-2062—2007 中国颜色体系标准样册

3 术语和定义

GB/T 18654.3 界定的以及下列术语和定义适用于本文件。

3.1

墨底三色锦鲤 three-color with black background

体表墨色,具红色斑纹及少量白色斑纹的锦鲤。

3.2

切边 cutting edges

鱼体红色斑纹的边缘线。

[SC/T 5703—2014,定义3.3]。

4 技术要求

4.1 基本特征

4.1.1 体形

体纺锤形,躯干挺直,尾柄粗壮,从吻端至背鳍呈一直线。

4.1.2 鳍

鳍条完整,背鳍、臀鳍、尾鳍端正,胸鳍、腹鳍匀称且对称。

4.2 质量要求

体长≥12 cm;鱼体脊柱笔直;身体平衡,泳姿端正,游动稳健有力,尾柄摆动适中,体表无病兆。

4.3 分级指标

分为A级、B级、C级、D级共4个等级,A级为最高质量等级。分级指标见表1。

表1 墨底三色锦鲤分级指标

指标	A级	B级	C级	D级
体形	体长/体高:2.6~3.0	体长/体高:2.6~3.0	体长/体高:2.4~3.3	体长/体高:2.2~3.6
	尾柄粗壮,侧视背脊呈弧线	尾柄粗壮,侧视背脊呈弧线	尾柄粗壮,侧视背脊呈弧线	尾柄较细,侧视背脊呈弧线

表1（续）

指标	A级	B级	C级	D级
颜色	整体色彩鲜明,色泽明亮	整体色彩鲜明,色泽明亮	整体色彩鲜明	整体色彩较淡
	墨斑质地均匀且浓厚,墨色符合 N2.75、N2.5	墨斑质地均匀且浓厚,墨色接近 N2.75、N2.5	墨斑颜色较淡,墨色符合 N3.0、N3.25、N3.5	墨斑颜色较淡,墨色符合 N3.75、N4.0
	白色瓷白,符合 N9.5	白色瓷白,接近 N9.5	白色符合 N9.25	白色符合 N9.0、N8.75、2.5YR9/2、2.5YR8.5/3
	红斑质地均匀且浓厚,红色符合 5R4/11、5R4/12	红斑质地均匀且浓厚,红色接近 5R4.5/11、5R4.5/12	红斑颜色较淡,红色符合 10R5.5/14、10R5.25/14、10R5.25/14	红斑颜色较淡,红色符合 10R6/14
	颜色整体分布协调好	颜色整体分布协调较好	颜色整体分布基本协调	颜色整体分布基本协调
斑纹	从头部到尾柄有大块红斑匀称分布	从头部到尾柄有大块红斑匀称分布	红斑可为小块斑纹,躯干两侧红斑较匀称	红斑可为小块斑纹,或并有杂色小块斑纹,躯干两侧红斑不匀称
	头部有人字形墨斑,墨斑为片状	头部有人字形墨斑,墨斑为片状	头部有墨斑,鱼体墨斑分布无严格要求	头部有墨斑,鱼体墨斑分布无严格要求
	从鼻孔到尾鳍基部的红斑总量须占鱼体整体表面积的 10%～30%。从鱼体头部到尾鳍基部的墨斑分布均匀,总量须占鱼体整体表面积的 20%～50%。斑纹整体协调性好	从鼻孔到尾鳍基部的红斑总量须占鱼体整体表面积的 10%～30%。从鱼体头部到尾鳍基部的墨斑分布均匀,总量须占鱼体整体表面积的 20%～50%。斑纹整体协调性较好	从鼻孔到尾鳍基部的红斑总量无要求。从鱼体头部到尾鳍基部的墨斑总量须占鱼体整体表面积的 10%～50%。斑纹整体基本协调	从鼻孔到尾鳍基部的红斑总量无要求。从鱼体头部到尾鳍基部的墨斑总量无要求。斑纹整体基本协调
	头部红斑两侧不应延伸至眼上缘,眼部、颊部、鳃盖	吻部、眼部或有 1块～2块小红斑	吻部、眼部、颊部、鳃盖或有红斑	头部红斑分布杂乱
	各鳍除胸鳍基部可有片状墨斑外,其余各鳍无色斑	各鳍除胸鳍基部可有片状墨斑外,其余各鳍可以有一块墨斑或者红斑	各鳍除胸鳍基部可有片状墨斑外,其余各鳍可以有 2块～3块墨斑或者红斑	各鳍红斑、墨斑分布杂乱
	尾柄上部有红斑、墨斑覆盖	尾柄上部有红斑或墨斑覆盖	尾柄处对红斑、墨斑无要求	尾柄处对红斑、墨斑无要求
	红斑、墨斑切边清晰、整齐;整体红斑、墨斑分布均匀	红斑、墨斑切边清晰、整齐;整体红斑、墨斑分布均匀	红斑、墨斑切边较清晰	切边可不清晰
	仅有部分或无以上特征,但红斑别具一格,形成流畅动感,形如闪电状,极具观赏性	仅有部分或无以上特征,但红斑别具一格,形成流畅动感,形如闪电状,颇具观赏性	仅有部分或无以上特征,但红斑别具一格,形成流畅动感,形如闪电状,较具观赏性	
	红斑错落有致,形成横向有序若段纹,极具观赏性	红斑错落有致,形成横向有序若段纹,颇具观赏性	红斑错落有致,形成横向有序若段纹,较具观赏性	
鳞	鳞片排列整齐,无脱落或缺损,无多余赘鳞及再生鳞	鳞片排列整齐,无脱落或缺损,无多余赘鳞及再生鳞		

注:颜色按中国颜色体系标准样册 GSB 16-2062—2007 判定。

5 检测方法

5.1 可量性状

体长、体高按 GB/T 18654.3 的规定执行。

5.2 体色

颜色判定按 GSB 16‑2062—2007 的规定执行。

5.3 斑纹

采用目测。

6 等级判定

逐项检测全部指标,全部指标中等级最低的指标所处等级即为该鱼的等级,若出现争议按照最新的标准判定。

———————————

ICS 65.020.30
B 41

中华人民共和国水产行业标准

SC/T 7223.1—2017

黏孢子虫病诊断规程
第 1 部分：洪湖碘泡虫

Protocols for diagnosis of myxosporidiosis—
Part 1: Disease caused by Myxobolus honghuensis

2017-06-12 发布

2017-10-01 实施

中华人民共和国农业部 发布

前　言

SC/T 7223《黏孢子虫病诊断规程》拟分为如下部分：
——第1部分:洪湖碘泡虫；
——第2部分:吴李碘泡虫；
——第3部分:武汉单极虫；
——第4部分:吉陶单极虫。

本部分为 SC/T 7223 的第 1 部分。

本部分按照 GB/T 1.1—2009 给出的规则起草。

请注意本文件的某些内容可能涉及专利。本文件的发布机构不承担识别这些专利的责任。

本部分由农业部渔业渔政管理局提出。

本部分由全国水产标准化技术委员会(SAC/TC 156)归口。

本部分起草单位:中国科学院水生生物研究所。

本部分主要起草人:李文祥、王桂堂、邹红、熊凡、吴山功、李明。

黏孢子虫病诊断规程
第1部分:洪湖碘泡虫

1 范围

本部分给出了鲫(*Carassius auratus*)患洪湖碘泡虫病(又称"喉孢子虫病")的临床症状,规定了洪湖碘泡虫(*Myxobolus honghuensis*)的采集、固定与标本制作,形态学鉴定和分子检测的方法,以及洪湖碘泡虫病的综合判定。

本部分适用于鲫洪湖碘泡虫病的流行病学调查、诊断、监测和检疫。

2 规范性引用文件

下列文件对于本文件的应用是必不可少的。凡是注日期的引用文件,仅注日期的版本适用于本文件。凡是不注日期的引用文件,其最新版本(包括所有的修改单)适用于本文件。

GB/T 6682 分析实验室用水规格和试验方法

SC/T 7103 水生动物产地检疫采样技术规范

3 试剂和材料

3.1 水:符合 GB/T 6682 中一级水的规格。

3.2 乙醇:分析纯。

3.3 *Taq* 酶:—20℃保存,避免反复冻融。

3.4 dNTPs:含 dATP、dTTP、dGTP 和 dCTP 各 10 mmol/L。

3.5 上游引物:5′- CTGCGGACGGCTCAGTAAATCAGT - 3′;
下游引物:5′- CCAGGACATCTTAGGGCATCACAGA - 3′。

本对引物扩增核糖体小亚基 rRNA 基因(18S rDNA)的部分序列。

3.6 DNA marker 2 000(bp):2 000、1 000、750、500、250、100。

3.7 其他试剂见附录 A。

4 仪器和设备

4.1 解剖盘、剪刀、镊子、解剖针和解剖刀。

4.2 体视显微镜和带测微标尺的光学显微镜。

4.3 盖玻片、载玻片和培养皿。

4.4 电子天平。

4.5 普通台式离心机和高速冷冻离心机。

4.6 普通冰箱。

4.7 微量移液器。

4.8 PCR 扩增仪。

4.9 离心管和 PCR 管。

4.10 紫外透射仪或凝胶成像系统。

4.11 水平电泳系统。

5 感染对象与临床症状

5.1 感染对象

洪湖碘泡虫主要感染鲫。

5.2 临床症状

洪湖碘泡虫寄生于鲫的咽上颚与颅骨间组织;病鱼通常瘦弱,头偏大,鳃盖略张开,眼外突,体色发黑;咽腔上颚充血、肿胀呈瘤状,堵塞咽腔和压迫鳃弓;甚至包囊会撑破咽腔上壁。

6 洪湖碘泡虫的采集、固定与标本制作

6.1 病鱼采集

观察待检鱼的临床症状和行为,采集具有典型症状的鱼,采样方法、样品数量、样品封存和运输应符合 SC/T 7103 的规定。

6.2 样品的采集

剪掉鳃盖,剪开咽部,用吸管吸或镊子收集白色包囊或脓状物,置于培养皿中。

6.3 样品的固定

用 10%中性福尔马林溶液(见 A.1)固定黏孢子虫包囊团或孢子,或用 100%乙醇保存。

6.4 样品的标本制作

将黏孢子虫样品置于载玻片上,在标本中加一滴水,或者滴加少许吉姆萨溶液(见 A.2),盖上盖玻片,用于显微镜观察。

7 洪湖碘泡虫的鉴定

7.1 洪湖碘泡虫形态学鉴定

根据显微镜内的测微标尺测量孢子和极囊的大小,洪湖碘泡虫孢子的形态特征见附录 B。成熟孢子壳面观为梨形,前端略尖,后端钝圆,无薄膜鞘;孢子长 15.0 μm～18.0 μm,宽 9.5 μm～11.5 μm,厚 7.8 μm～9.2 μm;孢子缝面观呈厚梭形,缝脊明显,近直线形。囊间突明显,极囊 2 个,呈梨形,几乎等大,呈"八"字形排列,极囊约占孢子长度的 1/2,极囊长 7.0 μm～9.2 μm,宽 3.0 μm～4.2 μm;极丝盘成 7 圈～8 圈。

如果孢子的形态特征与上述描述相符,则可判定为疑似洪湖碘泡虫。

7.2 洪湖碘泡虫分子检测

7.2.1 虫体 DNA 的提取

将用 100%乙醇固定的孢子(有包囊的用清水冲洗,去除表面组织)充分干燥去除乙醇,置于 1.5 mL 的离心管中,加入 0.5 mL 裂解缓冲液(见 A.6),55℃下过夜。冷却至室温后,加入 500 μL DNA 抽提缓冲液(见 A.7),摇匀,5 200 g 离心 10 min,收集上清液。然后加入 0.1 倍体积的乙酸钠缓冲液(见 A.3)和 2 倍上清液体积的−20℃预冷无水乙醇,4℃下 10 000 g 离心 10 min 弃上清液,用 70%乙醇洗涤沉淀 2 次,弃上清液,空气干燥后溶于 40 μL TE 缓冲液(见 A.4)中,−20℃保存备用。

7.2.2 18S rDNA 的 PCR 扩增

在 50 μL 的 PCR 反应体系中,包含模板基因组 DNA 10 ng～50 ng、1.5 U Taq 酶、1.5 mmol/L 的 MgCl$_2$、0.2 mmol/L 的 dNTPs、上游引物和下游引物各 2 μmol/L、Taq 酶缓冲液 5 μL。无加热盖的 PCR 仪应滴加少许矿物油。

在 PCR 扩增仪中,95℃预变性 5 min,再 95℃ 50 s→56℃ 50 s→72℃ 1 min,共 35 个循环;最后 72℃延伸 10 min。

PCR扩增时,应设置阴性对照(无虫体DNA模板)和阳性对照(含洪湖碘泡虫DNA模板)。

7.2.3 PCR产物电泳与测序

取5μL PCR产物,加入1μL溴酚蓝指示剂溶液(见A.10),混匀,用1.0%琼脂糖凝胶(含0.05 μL/mL GoldView核酸染料)于TAE缓冲溶液(见A.9)中电泳分离,同时设置DNA分子量标准做参照,紫外透射仪下检查是否存在大约1 600 bp的目的条带。如存在目的条带,则取PCR扩增产物测序,基因序列见附录C。

7.2.4 结果判定

将所测定的18S rDNA序列与附录C中的序列进行比对分析,如果相似性在99.5%及以上者,则判定为洪湖碘泡虫。

8 综合判定

8.1 洪湖碘泡虫的判定

如果黏孢子虫的形态鉴定符合7.1的要求,且分子鉴定符合7.2.4的要求,则判定为洪湖碘泡虫。

8.2 洪湖碘泡虫病的判定

鲫咽部感染的虫体为洪湖碘泡虫,且病鱼临床症状符合5.2的描述,则诊断为洪湖碘泡虫病。

附 录 A

（规范性附录）

试 剂 及 其 配 制[1]

A.1 10%中性福尔马林溶液

10 mL 甲醛溶液，加 90 mL PBS 缓冲液(0.01 mol/L，pH 7.4)。

A.2 吉姆萨(Giemsa)染液

将 1.0 g Giemsa 粉溶于 66 mL 甘油，放于 56℃温箱中 2 h 后，加入 66 mL 甲醇，棕色瓶密封保存。使用时与等体积的 PBS 缓冲液(pH 6.4)混合。

A.3 乙酸钠缓冲液

将 40.8 g $CH_3COONa \cdot 3H_2O$ 溶于 50 mL 去离子水中，用冰乙酸调 pH 至 5.2，加去离子水定容至 100 mL。

A.4 TE 缓冲液

将 1 mL Tris-HCl(1 mol/L，pH8.0)和 0.2 mL EDTA(0.5 mol/L，pH 8.0)混合，加无菌去离子水定容至 100 mL，高压灭菌后 4℃保存。

A.5 10% SDS 溶液

将 10 g SDS 溶于 90 mL 蒸馏水中，68℃助溶，盐酸调 pH 至 7.2，加蒸馏水定容至 100 mL，室温保存。

A.6 裂解缓冲液

900 μL TE 缓冲液、80 μL 蛋白酶 K(5 mg/mL)和 20 μL10% SDS 的混合溶液。

A.7 DNA 抽提缓冲液

将 Tris-HCl 溶液饱和过的重蒸酚：氯仿：异戊醇以 25 : 24 : 1 的比例混合，密闭避光 4℃保存。

A.8 *Taq* 酶缓冲液(10 倍 PCR buffer)

0.5 mol/L pH 8.8 的 Tris-HCl、0.5 mol/L 的氯化钾（KCl)和 1%的 TritonX-100 的混合溶液。

A.9 TAE 电泳缓冲液(50 倍)

将 242.0 g Tris 碱、37.2 g $Na_2EDTA \cdot 2H_2O$ 混合，然后加入 800 mL 的去离子水充分搅拌溶解，再加入 57.1 mL 的冰乙酸，充分混匀，加去离子水定容至 1L，室温保存。

---

1) 本附录所有试剂，除特别注明外，均采用分析纯的试剂。

A.10 溴酚蓝指示剂溶液

取溴酚蓝 100 mg，加双蒸水 5 mL，在室温下过夜，待溶解后再称取蔗糖 25 g，加双蒸水溶解后移入溴酚蓝溶液中，摇匀后加双蒸水定容至 50 mL，加入氢氧化钠（NaOH）溶液 1 滴，调至蓝色。

附　录　B
（规范性附录）
洪湖碘泡虫孢子的形态特征

洪湖碘泡虫孢子的形态特征见图 B.1。

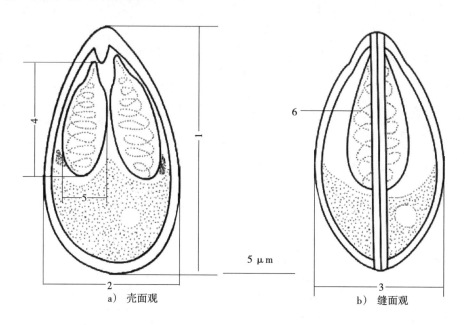

a）壳面观　　　　　　　　　　　b）缝面观

说明：

1——孢子长（15.0 μm～18.0 μm）；　　　　　　4——极囊长（7.0 μm～9.2 μm）；

2——孢子宽（9.5 μm～11.5 μm）；　　　　　　5——极囊宽（3.0 μm～4.2 μm）；

3——孢子厚（7.8 μm～9.2 μm）；　　　　　　6——极丝（7 圈～8 圈）。

图 B.1　洪湖碘泡虫孢子的形态特征

附　录　C
（规范性附录）
洪湖碘泡虫 18S rDNA 扩增产物的参考序列（GenBank 登录号：JF340216）

```
    1 GATTATCTGT TTGATTGTCT TGCCCATTGG ATAACCGTGG GAAATCTAGA GCTAATACAT
   61 GCAGTTTATT GGCGTAGTTG AAAGACTATG TCAAAGCATT TATTAGACTT AACCAACTAC
  121 TATACGCAAG TATGGTAAGG CGAATCTAGA TAACTTTGCT GATCGTATGG CCCTGTGCCG
  181 ACGACGTTTC AATTGAGTTT CTGCCCTATC AATTTGTTGG TAAGGTATTG GCTTACCAAG
  241 GTTGCAACGG GTAACGGGGA ATCAGGGTTC GATTCCGGAG AGGGAGCCTG AGAAACGGCT
  301 ACCACATCCA AGGAAGGCAG CAGGCGCGCA AATTACCCAA TCTAGACAGT AGGAGGTGGT
  361 GAAGAGAAGT ACTTAGTGGT GGCCTTAATG GTCCCAACTA GGAATGAACG TAATTTAAGC
  421 AATTCGATGA GTAACTACTG GAGGGCAAGT CCTGGTGCCA GCAGCCGCGG TAATTCCAGC
  481 TCCAGTGGCG TGATTTAAAG TTGCTGCGTT TAAAACGCTC GTAGTTGGAT CATGCAATAA
  541 CATGTAGTAA CACTGGTTGG TAAATTTGAC GATTCTCTTC TTGATTATTG GATAATTATC
  601 GACCAGTGTG TTCATGCTAC ATGTTATTAT TTGCACACAA GTATGATATT TGGGCTTAAG
  661 TGATTCGAGT ATCATGTCTT GTGGAGTGTG CCTTGAATAA AACAGAGTGC TCAAAGCAGG
  721 CGAACGCTTG AATGTTGTAG CATGGAACGA ACAAACGTGT ATTTGTGTAT ATTTGAACGG
  781 TCGGTGGCAA CACTGACTGT TTGGGTATAT GCAGCACCCG CCGAAATGCG AATGTTGGTT
  841 TTCGTATAAG GTGATGATTA AAAGAAGCGG TTGGGGGCAT TGGTATTTGG CCGCGAGAGG
  901 TGAAATTCTT GGACCGGCCA AGGACTAACA GATGCGAAGG CGTTTGTCTA GACCGTTTTC
  961 ATTAATCAAG AACGAAAGTG GGAGGTTCGA AGACGATCAG ATACCGTCCT AGTTCCCACT
1 021 ATAAACTATG CCGACCTGGG ATCAGTTTAG TGATTAACAA GCTCTAGGTT GGTCCCCCTG
1 081 GGAAACCTCA AGTTTTTCGG TTACGGGGAG AGTATGGTCG CAAGTCTGAA ACTTAAAGGA
1 141 ATTGACGGAA GGGCACCACC AGGGGTGGAA CCTGCGGCTT AATTTGACTC AACACGGGGA
1 201 AACTTACCTG GTCCGGACAT CGAAAGGATA GACAGACTGA TAGATCTTTC TTGATGCGGT
1 261 GAGTGGTGGT GCATGGCCGT TCTTAGTTCG TGGAGTGATC TGTCAGGTTA ATTCCGGTAA
1 321 CGAACGAGAC CACAATCTTC ATTTGAGAAA TAGTAGTAGG GAGTTGGCTC AGTGGTGTTT
1 381 CGGCAGCTCT GGGTTGGCTT TCGTAGGTAG AATTATTGAA TTTCATAAAA GTAGCATTCT
1 441 GGGCTCGCTC AGGGTGTAAT GTTTATGAAA GGATATGGTT TTCCCTACTG TTATGCAGTG
1 501 TTAGGCAAAA CCTTTACGCT GCCTCATGGA GAGACAACAG GTTTATAAAA GCCTG
```

ICS 65.020.30
B 41

中华人民共和国水产行业标准

SC/T 7223.2—2017

黏孢子虫病诊断规程
第2部分：吴李碘泡虫

Protocols for diagnosis of myxosporidiosis—
Part 2: Disease caused by Myxobolus wulii

2017-06-12 发布　　　　　　　　　　　　　　　　　　　2017-10-01 实施

中华人民共和国农业部 发布

前　言

SC/T 7223《黏孢子虫病诊断规程》拟分为如下部分：
——第1部分:洪湖碘泡虫；
——第2部分:吴李碘泡虫；
——第3部分:武汉单极虫；
——第4部分:吉陶单极虫。

本部分为 SC/T 7223 的第2部分。

本部分按照 GB/T 1.1—2009 给出的规则起草。

请注意本文件的某些内容可能涉及专利。本文件的发布机构不承担识别这些专利的责任。

本部分由农业部渔业渔政管理局提出。

本部分由全国水产标准化技术委员会(SAC/TC 156)归口。

本部分起草单位:中国科学院水生生物研究所。

本部分主要起草人:李文祥、王桂堂、邹红、熊凡、吴山功、李明。

黏孢子虫病诊断规程
第2部分：吴李碘泡虫

1 范围

本部分给出了鲫(*Carassius auratus*)患吴李碘泡虫病(又称"腹孢子虫病")的临床症状,规定了吴李碘泡虫(*Myxobolus wulii*)的采集、固定与标本制作,形态学鉴定和分子检测的方法,以及吴李碘泡虫病的综合判定。

本部分适用于鲫吴李碘泡虫病的流行病学调查、诊断、监测和检疫。

2 规范性引用文件

下列文件对于本文件的应用是必不可少的。凡是注日期的引用文件,仅注日期的版本适用于本文件。凡是不注日期的引用文件,其最新版本(包括所有的修改单)适用于本文件。

GB/T 6682　分析实验室用水规格和试验方法

SC/T 7103　水生动物产地检疫采样技术规范

3 试剂和材料

3.1　水:符合 GB/T 6682 中一级水的规格。

3.2　乙醇:分析纯。

3.3　*Taq*酶:-20℃保存,避免反复冻融。

3.4　dNTPs:含 dATP、dTTP、dGTP 和 dCTP 各 10 mmol/L。

3.5　上游引物:5'-CTGCGGACGGCTCAGTAAATCAGT-3';
　　　下游引物:5'-CCAGGACATCTTAGGGCATCACAGA-3'。

　　　本对引物扩增核糖体小亚基 rRNA 基因(18S rDNA)的部分序列。

3.6　DNA marker 2 000(bp):2 000、1 000、750、500、250、100。

3.7　其他试剂见附录 A。

4 仪器和设备

4.1　解剖盘、剪刀、镊子、解剖针和解剖刀。

4.2　体视显微镜和带测微标尺的光学显微镜。

4.3　盖玻片、载玻片和培养皿。

4.4　电子天平。

4.5　普通台式离心机和高速冷冻离心机。

4.6　普通冰箱。

4.7　微量移液器。

4.8　PCR 扩增仪。

4.9　离心管和 PCR 管。

4.10　紫外透射仪或凝胶成像系统。

4.11 水平电泳系统。

5 感染对象与临床症状

5.1 感染对象

吴李碘泡虫主要感染鲫,还可感染鲢(*Hypophthalmichthys molitrix*)和马口鱼(*Opsariichthys bidens*)。

5.2 临床症状

吴李碘泡虫一般寄生于鲫的鳃和肝胰脏,寄生于肝胰脏的危害较大;患病的鱼厌食,昏睡,身体消瘦,游动缓慢,直至慢慢死亡;病鱼腹部膨大,肝胰脏显著增大,乳白色;鱼死亡后,肝胰脏溶解。

6 吴李碘泡虫的采集、固定与标本制作

6.1 病鱼采集

观察待检鱼的临床症状和行为,采集具有典型症状的鱼,采样方法、样品数量、样品封存和运输应符合 SC/T 7103 的规定。

6.2 样品的采集

剪开腹部,在肝胰脏中取出包囊团,或用吸管吸取脓状物,置于培养皿中。

6.3 样品的固定

用 10%中性福尔马林溶液(见 A.1)固定黏孢子虫包囊团或孢子,或用 100%乙醇保存。

6.4 样品的标本制作

将黏孢子虫样品置于载玻片上,在标本中加一滴水,或者滴加少许吉姆萨溶液(见 A.2),盖上盖玻片,用于显微镜观察。

7 吴李碘泡虫的鉴定

7.1 吴李碘泡虫形态学鉴定

根据显微镜内的测微标尺测量孢子和极囊的大小,吴李碘泡虫孢子的形态特征见附录 B。成熟孢子壳面观为梨形,缝面观呈厚梭形,前端略尖,后端钝圆,无薄膜鞘,壳瓣底部有 1 个～3 个"V"形褶皱;孢子长 16.5 μm～18.9 μm,宽 9.1 μm～10.8 μm,厚 7.2 μm～9.0 μm。极囊 2 个,呈梨形,几乎等大,极囊长 8.1 μm～9.9 μm,宽 3.4 μm～4.0 μm,约占孢子长度的 1/2;极丝盘成 7 圈～9 圈。

如果孢子的形态特征与上述描述相符,则可判定为疑似吴李碘泡虫。

7.2 吴李碘泡虫分子检测

7.2.1 虫体 DNA 的提取

将用 100%乙醇固定的孢子(有包囊的用清水冲洗,去除表面组织)充分干燥去除乙醇,置于 1.5 mL 的离心管中,加入 0.5 mL 裂解缓冲液(见 A.6),55℃下过夜。冷却至室温后,加入 500 μL DNA 抽提缓冲液(见 A.7),摇匀,5 200 g 离心 10 min,收集上清液。然后加入 0.1 倍体积的乙酸钠缓冲液(见 A.3)和 2 倍上清液体积的—20℃预冷无水乙醇,4℃下 10 000 g 离心 10 min 弃上清液,用 70%乙醇洗涤沉淀 2 次,弃上清液,空气干燥后溶于 40 μL TE 缓冲液(见 A.4)中,—20℃保存备用。

7.2.2 18S rDNA 的 PCR 扩增

在 50 μL 的 PCR 反应体系中,包含模板基因组 DNA 10 ng～50 ng、1.5 U *Taq* 酶、1.5 mmol/L 的 $MgCl_2$、0.2 mmol/L 的 dNTPs、上游引物和下游引物各 2 μmol/L、*Taq* 酶缓冲液 5 μL。无加热盖的 PCR 仪应滴加少许矿物油。

在 PCR 扩增仪中,95℃预变性 5 min,再 95℃ 50 s→56℃ 50 s→72℃ 1 min,共 35 个循环;最后 72℃延伸 10 min。

PCR 扩增时,应设置阴性对照(无虫体 DNA 模板)和阳性对照(含吴李碘泡虫 DNA 模板)。

7.2.3 PCR 产物电泳与测序

取 5 μL PCR 产物,加入 1 μL 溴酚蓝指示剂溶液(见 A.10),混匀,用 1.0% 琼脂糖凝胶(含 0.05 μL／mL GoldView 核酸染料)于 TAE 缓冲溶液(见 A.9)中电泳分离,同时设置 DNA 分子量标准做参照,紫外透射仪下检查是否存在大约 1 600 bp 的目的条带。如存在目的条带,则取 PCR 扩增产物测序,其序列见附录 C。

7.2.4 结果判定

将所测定的 18S rDNA 序列与附录 C 中的序列进行比对分析,如果相似性在 99.0% 及以上者,则判定为吴李碘泡虫。

8 综合判定

8.1 吴李碘泡虫的判定

如果黏孢子虫的形态鉴定符合 7.1 的要求,且分子鉴定符合 7.2.4 的要求,则判定为吴李碘泡虫。

8.2 吴李碘泡虫病的判定

鲫肝胰脏感染的虫体为吴李碘泡虫,且病鱼临床症状符合 5.2 描述,则诊断为吴李碘泡虫病。

附　录　A
（规范性附录）
试　剂　及　其　配　制[1]

A.1　10%中性福尔马林溶液

10 mL 甲醛溶液,加 90 mL PBS 缓冲液(0.01 mol/L, pH 7.4)。

A.2　吉姆萨(Giemsa)染液

将 1.0 g Giemsa 粉溶于 66 mL 甘油,放于 56℃温箱中 2 h 后,加入 66 mL 甲醇,棕色瓶密封保存。使用时与等体积的 PBS 缓冲液(pH 6.4)混合。

A.3　乙酸钠缓冲液

将 40.8 gCH₃COONa·3H₂O 溶于 50 mL 去离子水中,用冰乙酸调 pH 至 5.2,加去离子水定容至 100 mL。

A.4　TE 缓冲液

将 1 mL Tris-HCl(1 mol/L, pH8.0)和 0.2 mL EDTA(0.5 mol/L, pH 8.0)混合,加无菌去离子水定容至 100 mL,高压灭菌后 4℃保存。

A.5　10% SDS 溶液

将 10 g SDS 溶于 90 mL 蒸馏水中,68℃助溶,盐酸调 pH 至 7.2,加蒸馏水定容至 100 mL,室温保存。

A.6　裂解缓冲液

900 μL TE 缓冲液、80 μL 蛋白酶 K(5 mg/mL)和 20 μL10% SDS 的混合溶液。

A.7　DNA 抽提缓冲液

将 Tris-HCl 溶液饱和过的重蒸酚：氯仿：异戊醇以 25：24：1 的比例混合,密闭避光 4℃保存。

A.8　*Taq* 酶缓冲液(10 倍 PCR buffer)

0.5 mol/L pH8.8 的 Tris-HCl、0.5 mol/L 的氯化钾（KCl）和 1%的 TritonX‐100 的混合溶液。

A.9　TAE 电泳缓冲液(50 倍)

将 242.0 g Tris 碱、37.2 g Na₂EDTA·2H₂O 混合,然后加入 800 mL 的去离子水充分搅拌溶解,再加入 57.1 mL 的冰乙酸,充分混匀,加去离子水定容至 1 L,室温保存。

---

[1]　本附录所有试剂,除特别注明外,均采用分析纯的试剂。

A.10 溴酚蓝指示剂溶液

取溴酚蓝 100 mg,加双蒸水 5 mL,在室温下过夜,待溶解后再称取蔗糖 25 g,加双蒸水溶解后移入溴酚蓝溶液中,摇匀后加双蒸水定容至 50 mL,加入氢氧化钠(NaOH)溶液 1 滴,调至蓝色。

附　录　B
（规范性附录）
吴李碘泡虫孢子的形态特征

吴李碘泡虫孢子的形态特征见图B.1。

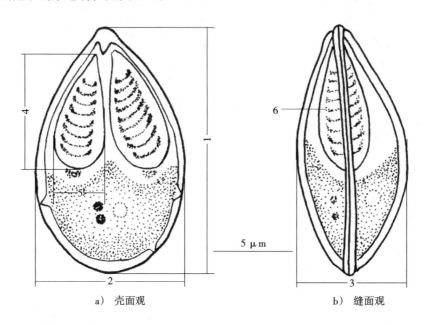

a）壳面观　　　　　　　　　　　　　　b）缝面观

说明：

1——孢子长(16.5 μm～18.9 μm)；　　　　　　　　　　4——极囊长(8.1 μm～9.9 μm)；

2——孢子宽(9.1 μm～10.8 μm)；　　　　　　　　　　5——极囊宽(3.4 μm～4.0 μm)；

3——孢子厚(7.2 μm～9.0 μm)；　　　　　　　　　　6——极丝(7圈～9圈)。

图 B.1　吴李碘泡虫孢子的形态特征

附　录　C
（规范性附录）
吴李碘泡虫 18S rDNA 扩增产物的参考序列（GenBank 登录号：EF690300）

```
   1 GATTATCTGT TTGATTGTCT TACCCATTGG ATAACCGTGG GAAATCTAGA GCTAATACAT
  61 GCAGTTTATT GGCGTAGTCG CAAGATTGCG TCAAAGCATT TATTAGACTT AACCATCTAC
 121 TGTACGCAAG TATAGTAAGG CGAATCTAGA TAACTTTGCT GATCGTATGG CCCTGTGCCG
 181 ACGACGTTTC AATTGAGTTT CTGCCCTATC AATTTGTTGG TAAGGTATTG GCTTACCAAG
 241 GTTGCAACGG GTAACGGGGA ATCAGGGTTC GATTCCGGAG AGGGAGCCTG AGAAACGGCT
 301 ACCACATCCA AGGAAGGCAG CAGGCGCGCA AATTACCCAA TCTAGACAGT AGGAGGTGGT
 361 GAAGAGAAGT ACTTAGTGGT GGCCTAATGG TCCCAACTAG GAATGAACGT AATTTAAGCA
 421 ATTCGATGAG TAACTACTGG AGGGCAAGTC CTGGTGCCAG CAGCCGCGGT AATTCCAGCT
 481 CCAGTGGCGT GATTTAAAGT TGCTGCGTTT AAAACGCTCG TAGTTGGATC ACGCAGTAGC
 541 ATACAGTTAC ACAGATTGGT TTATTTGACG ATTTTCTTTC AAAGATTATT GAATTTTGGC
 601 TGGTCTGTGT GTTAACGCTG TATGCTGCTA TTTGCACACA AGTATGGTAT TTGGCCTTTA
 661 GTGAGTCGAG TATCATGTCT TGTGGGGTGT GCCTTGAATA AAACAGAGTG CTCAAAGCAG
 721 GCGAACGCTT GAATGTTATA GCATGGAACG AACAAACGTG TATTTGCGTA TATTTGATAA
 781 GGTCGAGGGC AACTTTGACC TGTTGGATAT ATGCAGCACC CGCCAAAATA CGGATGTTGG
 841 TTTTCGTATA AGGTGATGAT TAACAGGAGC GGTTGGGGGC ATTGGTATTT GGCCGCGAGA
 901 GGTGAAATTC TTGGACCGGC CAAGGACTAA CAGATGCGAA GGCGTTTGTC TAGACCGTTT
 961 CCATTAATCA AGAACGAAAG TGGGAGGTTC GAAGACGATC AGATACCGTC CTAGTTCCCA
1021 CTATAAACTA TGCCGACCTG GGATCAGTTT AGTGATTAAC AAGCACTAGG TTGGTCCCCC
1081 TGGGAAACCT AAAGTTTTTC GGTTACGGGG AGAGTATGGT CGCAAGTCTG AAACTTAAAG
1141 GAATTGACGG AAGGGCACCA CCAGGGGTGG AGCCTGCGGC TTAATTTGAC TCAACACGGG
1201 GAAACTTACC TGGTCCGGAC ATCGAAAGGA TAGACAGACT GATAGATCTT TCTTGAAGCG
1261 GTGAGTGGTG GTGCATGGCC GTTCTTAGTT CGTGGAGTGA TCTGTCAGGT TTATTCCGGT
1321 AACGAACGAG ACCACTTTCT CCATTTAAGA AACGGTAGCA GGGAGTTGGC TTGAAATTGT
1381 TTCGGCAGTT TCGGGTTGAT TTTCGCAGAT AGAATTGTTA AATTCCATGG AAGGGTGCTG
1441 AGGGCAACC TGAGGTATTT GACTGTGGAA GGAGATGATT TTTCCTATCG TTATGCAGTG
1501 TAAGGCAAAA CCTTCACGCT GTCTTATGGA GAGACAACAG GTTTATAAAA GCCTGAGGAA
1561 GTGTGGCTAT AACAGG
```

ICS 65.020.30
B 41

中华人民共和国水产行业标准

SC/T 7223.3—2017

黏孢子虫病诊断规程
第3部分：武汉单极虫

Protocols for diagnosis of myxosporidiosis—
Part 3: Disease caused by Thelohanellus wuhanensis

2017-06-12 发布　　　　　　　　　　　　　　2017-10-01 实施

中华人民共和国农业部　发布

前　言

SC/T 7223《黏孢子虫病诊断规程》拟分为如下部分：
——第1部分：洪湖碘泡虫；
——第2部分：吴李碘泡虫；
——第3部分：武汉单极虫；
——第4部分：吉陶单极虫。
本部分为 SC/T 7223 的第3部分。
本部分按照 GB/T 1.1—2009 给出的规则起草。
请注意本文件的某些内容可能涉及专利。本文件的发布机构不承担识别这些专利的责任。
本部分由农业部渔业渔政管理局提出。
本部分由全国水产标准化技术委员会(SAC/TC 156)归口。
本部分起草单位：中国科学院水生生物研究所。
本部分主要起草人：李文祥、王桂堂、邹红、熊凡、吴山功、李明。

黏孢子虫病诊断规程
第3部分：武汉单极虫

1 范围

本部分给出了鲫(*Carassius auratus*)患武汉单极虫病(又称"肤孢子虫病")的临床症状,规定了武汉单极虫(*Thelohanellus wuhanensis*)的采集、固定与标本制作,形态学鉴定和分子检测的方法,以及武汉单极虫病的综合判定。

本部分适用于鲫武汉单极虫病的流行病学调查、诊断、监测和检疫。

2 规范性引用文件

下列文件对于本文件的应用是必不可少的。凡是注日期的引用文件,仅注日期的版本适用于本文件。凡是不注日期的引用文件,其最新版本(包括所有的修改单)适用于本文件。

GB/T 6682　分析实验室用水规格和试验方法

SC/T 7103　水生动物产地检疫采样技术规范

3 试剂和材料

3.1　水:符合 GB/T 6682 中一级水的规格。

3.2　乙醇:分析纯。

3.3　*Taq* 酶:-20℃保存,避免反复冻融。

3.4　dNTPs:含 dATP、dTTP、dGTP 和 dCTP 各 10 mmol/L。

3.5　上游引物:5'-CTGCGGACGGCTCAGTAAATCAGT-3';
下游引物:5'-CCAGGACATCTTAGGGCATCACAGA-3'。
本对引物扩增核糖体小亚基 rRNA 基因(18S rDNA)的部分序列。

3.6　DNA marker 2 000(bp):2 000、1 000、750、500、250、100。

3.7　其他试剂见附录 A。

4 仪器和设备

4.1　解剖盘、剪刀、镊子、解剖针和解剖刀。

4.2　体视显微镜和带测微标尺的光学显微镜。

4.3　盖玻片、载玻片和培养皿。

4.4　电子天平。

4.5　普通台式离心机和高速冷冻离心机。

4.6　普通冰箱。

4.7　微量移液器。

4.8　PCR 扩增仪。

4.9　离心管和 PCR 管。

4.10　紫外透射仪或凝胶成像系统。

4.11　水平电泳系统。

5　感染对象与临床症状

5.1　感染对象

武汉单极虫感染鲫。

5.2　临床症状

武汉单极虫一般寄生于鲫的体表鳞片下组织和鳍条,寄生于鳞片下的危害较大,可导致鱼苗的死亡。病鱼鳞片被包囊顶起,形成椭圆形凸起。

6　武汉单极虫的采集、固定与标本制作

6.1　病鱼采集

观察待检鱼的临床症状和行为,采集具有典型症状的鱼,采样方法、样品数量、样品封存和运输应符合 SC/T 7103 的规定。

6.2　样品的采集

在鳞片隆起处,用镊子取下鳞片,然后将包囊移出,置于培养皿中。

6.3　样品的固定

用 10%中性福尔马林溶液(见 A.1)固定黏孢子虫包囊团或孢子,或用 100%乙醇保存。

6.4　样品的标本制作

将黏孢子虫样品置于载玻片上,在标本中加一滴水,或者滴加少许吉姆萨溶液(见 A.2),盖上盖玻片,用于显微镜观察。

7　武汉单极虫的鉴定

7.1　武汉单极虫形态学鉴定

包囊近球形,乳白色,表面有黑色斑点。根据显微镜内的测微标尺测量孢子和极囊的大小,武汉单极虫孢子的形态特征见附录 B。成熟孢子壳面观为梨形,缝面观呈厚梭形,前端略尖,后端钝圆,薄膜鞘仅包围孢子后部,壳瓣底部有 1 个～4 个"V"形褶皱;孢子长 21.0 μm～25.0 μm,宽 12.0 μm～15.0 μm,厚 10.0 μm～12.5 μm;极囊 1 个,近球形,极囊长 9.0 μm～12.3 μm,宽 7.0 μm～9.7 μm;极丝盘成 8 圈～10 圈。

如果孢子的形态特征与上述描述相符,则可判定为疑似武汉单极虫。

7.2　武汉单极虫分子检测

7.2.1　虫体 DNA 的提取

将用 100%乙醇固定的孢子(有包囊的用清水冲洗,去除表面组织)充分干燥去除乙醇,置于 1.5 mL 的离心管中,加入 0.5 mL 裂解缓冲液(见 A.6),55℃下过夜。冷却至室温后,加入 500 μL DNA 抽提缓冲液(见 A.7),摇匀,5 200 g 离心 10 min,收集上清液。然后加入 0.1 倍体积的乙酸钠缓冲液(见 A.3)和 2 倍上清液体积的−20℃预冷无水乙醇,4℃下 10 000 g 离心 10 min 弃上清液,用 70%乙醇洗涤沉淀 2 次,弃上清液,空气干燥后溶于 40 μL TE 缓冲液(见 A.4)中,−20℃保存备用。

7.2.2　18S rDNA 的 PCR 扩增

在 50 μL 的 PCR 反应体系中,包含模板基因组 DNA 10 ng～50 ng、1.5 U *Taq* 酶、1.5 mmol/L 的 MgCl$_2$、0.2 mmol/L 的 dNTPs、上游引物和下游引物各 2 μmol/L、*Taq* 酶缓冲液 5 μL。无加热盖的 PCR 仪应滴加少许矿物油。

在 PCR 扩增仪中,95℃预变性 5 min,再 95℃ 50 s→56℃ 50 s→72℃ 1 min,共 35 个循环;最后 72℃延伸 10 min。

PCR扩增时,应设置阴性对照(无虫体DNA模板)和阳性对照(含武汉单极虫DNA模板)。

7.2.3 PCR产物电泳与测序

取5 μL PCR产物,加入1 μL溴酚蓝指示剂溶液(见A.10),混匀,用1.0%琼脂糖凝胶(含0.05 μL/mL GoldView核酸染料)于TAE缓冲溶液(见A.9)中电泳分离,同时设置DNA分子量标准做参照,紫外透射仪下检查是否存在大约1 600 bp的目的条带。如存在目的条带,则取PCR扩增产物测序,其序列见附录C。

7.2.4 结果判定

将所测定的18S rDNA序列与附录C中的序列进行比对分析,如果相似性在99.0%及以上者,则判定为武汉单极虫。

8 综合判定

8.1 武汉单极虫的判定

如果黏孢子虫的形态鉴定符合7.1,且分子鉴定符合7.2.4,则判定为武汉单极虫。

8.2 武汉单极虫病的判定

鲫体表感染的虫体为武汉单极虫,且病鱼临床症状符合5.2描述,则诊断为武汉单极虫病。

附　录　A

（规范性附录）

试 剂 及 其 配 制[1]

A.1　10％中性福尔马林溶液

10 mL 甲醛溶液，加 90 mL PBS 缓冲液（0.01 mol/L，pH 7.4）。

A.2　吉姆萨（Giemsa）染液

将 1.0 g Giemsa 粉溶于 66 mL 甘油，放 56℃温箱中 2 h 后，加入 66 mL 甲醇，棕色瓶密封保存。使用时与等体积的 PBS 缓冲液（pH 6.4）混合。

A.3　乙酸钠缓冲液

将 40.8 g $CH_3COONa \cdot 3H_2O$ 溶于 50 mL 去离子水中，用冰乙酸调 pH 至 5.2，加去离子水定容至 100 mL。

A.4　TE 缓冲液

将 1 mL Tris-HCl（1 mol/L，pH 8.0）和 0.2 mL EDTA（0.5 mol/L，pH 8.0）混合，加无菌去离子水定容至 100 mL，高压灭菌后 4℃保存。

A.5　10％ SDS 溶液

将 10 g SDS 溶于 90 mL 蒸馏水中，68℃助溶，盐酸调 pH 至 7.2，加蒸馏水定容至 100 mL，室温保存。

A.6　裂解缓冲液

900 μL TE 缓冲液、80 μL 蛋白酶 K（5 mg/mL）和 20 μL 10％ SDS 的混合溶液。

A.7　DNA 抽提缓冲液

将 Tris-HCl 溶液饱和过的重蒸酚：氯仿：异戊醇以 25：24：1 的比例混合，密闭避光 4℃保存。

A.8　Taq 酶缓冲液（10 倍 PCR buffer）

0.5 mol/L pH 8.8 的 Tris-HCl、0.5 mol/L 的氯化钾（KCl）和 1％的 TritonX-100 的混合溶液。

A.9　TAE 电泳缓冲液（50 倍）

将 242.0 g Tris 碱、37.2 g $Na_2EDTA \cdot 2H_2O$ 混合，然后加入 800 mL 的去离子水充分搅拌溶解，再加入 57.1 mL 的冰乙酸，充分混匀，加去离子水定容至 1 L，室温保存。

---

[1]　本附录所有试剂，除特别注明外，均采用分析纯的试剂。

A. 10 溴酚蓝指示剂溶液

取溴酚蓝 100 mg，加双蒸水 5 mL，在室温下过夜，待溶解后再称取蔗糖 25 g，加双蒸水溶解后移入溴酚蓝溶液中，摇匀后加双蒸水定容至 50 mL，加入氢氧化钠（NaOH）溶液 1 滴，调至蓝色。

附 录 B

（规范性附录）

武汉单极虫孢子的形态特征

武汉单极虫孢子的形态特征见图 B.1。

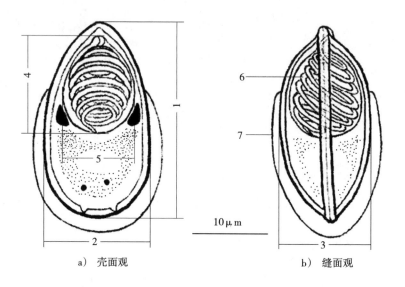

a) 壳面观　　　　　　　　　　　　　b) 缝面观

说明：

1——孢子长(21.0 μm～25.0 μm)；　　　　　5——极囊宽(7.0 μm～9.7 μm)；

2——孢子宽(12.0 μm～15.0 μm)；　　　　　6——极丝(8 圈～10 圈)；

3——孢子厚(10.0 μm～12.5 μm)；　　　　　7——薄膜鞘。

4——极囊长(9.0 μm～12.3 μm)；

图 B.1　武汉单极虫孢子的形态特征

附　录　C
（规范性附录）
武汉单极虫 18S rDNA 扩增产物的参考序列（GenBank 登录号：JQ968687）


```
    1 ACCGTGGGAA TCTAGAGCTA ATACGTGCAG TTCATTGGCT CATCTTCGGG TGGGTCAAAG
   61 CATTTATTAG ACTAAACCAT CTACTATGCT TGCATAGTAA GGGGAATCTG GATAACTTTG
  121 CTGATCGTAT GGCCTCGTGC CGGCGACGTT TCAATTGAGT TTCTGCCCTA TCAACTTGTT
  181 GGTAAGGTAT TGGCTTACCA AGGTTGCAAC GGGTAACGGG GAATCAGGGT TCGATTCCGG
  241 AGAGGGAGCC TGAGAAACGG CTACCACATC CAAGGAAGGC AACAGGCGCG CAAATTACCC
  301 AATCTAGACA GTAGGAGGTG GTGAAGAGAA TTACTAGGTG GTGACTCAAT GAGTTACCAG
  361 TTTGGAATGA ACGTAACTTA AGAAATTCGA TGAGAAACAA CTGGAGGGCA AGTCCTGGTG
  421 CCAGCAGCCG CGGTAATTCC AGCTCCAGTA GTTTGCTTTA AAGTTGTTGC GTTTAAAACG
  481 CTCGTAGTTG GATCACGCAG CAGTGCTCAG TAATCTGCTG CCTGACTTCG ACCAATGAAA
  541 CCCACTTCTG TGGCCTTTCG GTAGCTGTCG GCAGTAGATG CCAACGCTGA GCACTGTTAG
  601 TTGCACGTGA GATGAATTGT TGGCCTTTAT TGAGCCGGTA TTCTCGTCTT GCGGAGTGTG
  661 CCTTGAATAA AACAGAGTGC TTAAAGCAGG TCATTGCCTG AATGTTATAG CATGGAACGA
  721 ACAATCGTGT ATATGTATGC ATCCTTGAAT GGTGATGAGC CTTAGGTTTG TTGTTACTCA
  781 GGATGCATAC GGCACCCACC AAAATATGGC TGTTGGTTCC ATATACGGTG ATGATTAAAA
  841 GGAGCGGTTG GGGGCATCGG TATTTGGCCG CGAGAGGTGA AATTCTTAGA CCGGCCAAGG
  901 ACTAACAAAT GCAAAGGCAC TTGTCTAGAC CGTTTCCATT AATCAAGAAC GAAAGTGGGA
  961 GGTTCGAAGA CGATCAGATA CCGTCCTAGT TCCCACTGTA AACTATGCCG ACCTGGGATC
 1 021 AGTTTAGAGA TGTTACAAGC TCTAGATTGG TCCCCCTGGG AAACCTGAAG TTTTTCGGTT
 1 081 ACGGGGAGAG TATGGTCGCA AGGCTGAAAC TTAAAGGAAT TGACGGAAGG GCACCACCAG
 1 141 GGGTGGAGCC TGCGGCTTAA TTTGACTCAA CACGGGGAAA CTTACCTGGT CCGGACATCG
 1 201 ATAGGATTAA CAGATCGATA GCTCTTTTAT GATGCGATGA GTGGTGGTGC ATGGCCGTTC
 1 261 TTAGTTCGTG GAGTGATCTG TCGGCCTAAT TGCGGTAACG AACGAGACCA TAGTCTCCAT
 1 321 TTAAGAAATA GAAGCAGACG AAGGGCGGCG TGGAATCGCA AGATTCTACT CGTCCGGCGT
 1 381 TGTAGGTCGG ATTATGCGTT GCATTGTCAG AGTCTTGGGG TCAAACCTGA GGTTTTGATG
 1 441 GTGCGATGTA TTTTCTCCCT TCTATTAAGC AGCAATTGGT TTCGACTGAT TGTTGCCTTA
 1 501 TGGAGAGACA ACGAGGTATA AACAA
```

ICS 65.020.30
B 41

中华人民共和国水产行业标准

SC/T 7223.4—2017

黏孢子虫病诊断规程
第 4 部分：吉陶单极虫

Protocols for diagnosis of myxosporidiosis—
Part 4: Disease caused by Thelohanellus kitauei

2017-06-12 发布
2017-10-01 实施

中华人民共和国农业部 发布

前　言

SC/T 7223《黏孢子虫病诊断规程》拟分为如下部分：

——第1部分：洪湖碘泡虫；

——第2部分：吴李碘泡虫；

——第3部分：武汉单极虫；

——第4部分：吉陶单极虫。

本部分为 SC/T 7223 的第4部分。

本部分按照 GB/T 1.1—2009 给出的规则起草。

请注意本文件的某些内容可能涉及专利。本文件的发布机构不承担识别这些专利的责任。

本部分由农业部渔业渔政管理局提出。

本部分由全国水产标准化技术委员会（SAC/TC 156）归口。

本部分起草单位：中国科学院水生生物研究所。

本部分主要起草人：李文祥、王桂堂、邹红、熊凡、吴山功、李明。

黏孢子虫病诊断规程
第4部分:吉陶单极虫

1 范围

本部分给出了鲤(*Cyprinus carpio*)患吉陶单极虫病的临床症状,规定了吉陶单极虫(*Thelohanellus kitauei*)的采集、固定与标本制作,形态学鉴定和分子检测的方法,以及吉陶单极虫病的综合判定。

本部分适用于鲤吉陶单极虫病的流行病学调查、诊断、监测和检疫。

2 规范性引用文件

下列文件对于本文件的应用是必不可少的。凡是注日期的引用文件,仅注日期的版本适用于本文件。凡是不注日期的引用文件,其最新版本(包括所有的修改单)适用于本文件。

GB/T 6682 分析实验室用水规格和试验方法
SC/T 7103 水生动物产地检疫采样技术规范

3 试剂和材料

3.1 水:符合GB/T 6682中一级水的规格。

3.2 乙醇:分析纯。

3.3 *Taq*酶:−20℃保存,避免反复冻融。

3.4 dNTPs:含dATP、dTTP、dGTP和dCTP各10 mmol/L。

3.5 上游引物:5′-CTGCGGACGGCTCAGTAAATCAGT-3′;
下游引物:5′-CCAGGACATCTTAGGGCATCACAGA-3′。
本对引物扩增核糖体小亚基rRNA基因(18S rDNA)的部分序列。

3.6 DNA marker 2 000(bp):2 000、1 000、750、500、250、100。

3.7 其他试剂见附录A。

4 仪器和设备

4.1 解剖盘、剪刀、镊子、解剖针和解剖刀。

4.2 体视显微镜和带测微标尺的光学显微镜。

4.3 盖玻片、载玻片和培养皿。

4.4 电子天平。

4.5 普通台式离心机和高速冷冻离心机。

4.6 普通冰箱。

4.7 微量移液器。

4.8 PCR扩增仪。

4.9 离心管和PCR管。

4.10 紫外透射仪或凝胶成像系统。

4.11 水平电泳系统。

5 感染对象与临床症状

5.1 感染对象

吉陶单极虫感染鲤。

5.2 临床症状

吉陶单极虫寄生于鲤的肠道内,病鱼在池边独游,行动迟缓,不摄食,鱼体发黑消瘦;腹部稍隆起,肠道呈结节型膨大,形成瘤状;肠壁变薄,有腹水。

6 吉陶单极虫的采集、固定与标本制作

6.1 病鱼采集

观察待检鱼的临床症状和行为,采集具有典型症状的鱼,采样方法、样品数量、样品封存和运输应符合 SC/T 7103 的规定。

6.2 样品的采集

剖开腹部,剪开肠道的膨大处,用镊子取出包囊,置于培养皿中。

6.3 样品的固定

用 10%中性福尔马林溶液(见 A.1)固定黏孢子虫包囊团或孢子,或用 100%乙醇保存。

6.4 样品的标本制作

将黏孢子虫样品置于载玻片上,在标本中加一滴水,或者滴加少许吉姆萨溶液(见 A.2),盖上盖玻片,用于显微镜观察。

7 吉陶单极虫的鉴定

7.1 吉陶单极虫形态学鉴定

根据显微镜内的测微标尺测量孢子和极囊的大小,吉陶单极虫孢子的形态特征见附录 B。成熟孢子壳面观为长梨形,前端尖窄,近似圆锥体,后端钝圆,孢子外部具透明薄膜鞘;孢子长 $23.0~\mu m \sim 28.0~\mu m$,宽 $7.9~\mu m \sim 11.0~\mu m$,厚 $8.3~\mu m \sim 10.6~\mu m$;极囊 1 个,形状与孢子相似,长度约为孢子长的 3/5,极囊长 $13.0~\mu m \sim 18.0~\mu m$,宽 $6.0~\mu m \sim 8.5~\mu m$;薄膜鞘长 $30.0~\mu m \sim 38.0~\mu m$,宽 $12.0~\mu m \sim 17.0~\mu m$;极丝盘成 8 圈 $\sim$ 10 圈。

如果孢子的形态特征与上述描述相符,则可判定为疑似吉陶单极虫。

7.2 吉陶单极虫分子检测

7.2.1 虫体 DNA 的提取

将用 100%乙醇固定的孢子(有包囊的用清水冲洗,去除表面组织)充分干燥去除乙醇,置于 1.5 mL 的离心管中,加入 0.5 mL 裂解缓冲液(见 A.6),55 ℃下过夜。冷却至室温后,加入 500 μL DNA 抽提缓冲液(见 A.7),摇匀,5 200 g 离心 10 min,收集上清液。然后加入 0.1 倍体积的乙酸钠缓冲液(见 A.3)和 2 倍上清液体积的 −20℃预冷无水乙醇,4℃下 10 000 g 离心 10 min 弃上清液,用 70%乙醇洗涤沉淀 2 次,弃上清液,空气干燥后溶于 40 μL TE 缓冲液(见 A.4)中,−20℃保存备用。

7.2.2 18S rDNA 的 PCR 扩增

在 50 μL 的 PCR 反应体系中,包含模板基因组 DNA 10 ng $\sim$ 50 ng、1.5 U Taq 酶、1.5 mmol/L 的 $MgCl_2$、0.2 mmol/L 的 dNTPs、上游引物和下游引物各 2 $\mu mol/L$、Taq 酶缓冲液 5 μL。无加热盖的 PCR 仪应滴加少许矿物油。

在 PCR 扩增仪中,95℃预变性 5 min,再 95℃ 50 s→56℃ 50 s→72℃ 1 min,共 35 个循环;最后 72℃延伸 10 min。

PCR 扩增时,应设置阴性对照(无虫体 DNA 模板)和阳性对照(含吉陶单极虫 DNA 模板)。

7.2.3 PCR 产物电泳与测序

取 5 μL PCR 产物,加入 1 μL 溴酚蓝指示剂溶液(见 A. 10),混匀,用 1.0% 琼脂糖凝胶(含 0.05 μL/mL GoldView 核酸染料)于 TAE 缓冲溶液(见 A. 9)中电泳分离,同时设置 DNA 分子量标准作参照,紫外透射仪下检查是否存在大约 1 600 bp 的目的条带。如存在目的条带,则取 PCR 扩增产物测序,其序列见附录 C。

7.2.4 结果判定

将所测定的 18S rDNA 序列与附录 C 中的序列进行比对分析,如果相似性在 99.0% 及以上者,则判定为吉陶单极虫。

8 综合判定

8.1 吉陶单极虫的判定

如果黏孢子虫的形态鉴定符合 7.1 的规定,且分子鉴定符合 7.2.4 的规定,则判定为吉陶单极虫。

8.2 吉陶单极虫病的判定

鲤肠道感染的虫体为吉陶单极虫,且病鱼临床症状符合 5.2 描述,则诊断为吉陶单极虫病。

附　录　A

（规范性附录）

试　剂　及　其　配　制[1]

A.1　10%中性福尔马林溶液

10 mL 甲醛溶液，加 90 mL PBS 缓冲液(0.01 mol/L，pH 7.4)。

A.2　吉姆萨(Giemsa)染液

将 1.0 g Giemsa 粉溶于 66 mL 甘油，放于 56℃温箱中 2 h 后，加入 66 mL 甲醇，棕色瓶密封保存。使用时与等体积的 PBS 缓冲液(pH 6.4)混合。

A.3　乙酸钠缓冲液

将 40.8 g $CH_3COONa \cdot 3H_2O$ 溶于 50 mL 去离子水中，用冰乙酸调 pH 至 5.2，加去离子水定容至 100 mL。

A.4　TE 缓冲液

将 1 mL Tris-HCl(1 mol/L，pH 8.0)和 0.2 mL EDTA(0.5 mol/L，pH 8.0)混合，加无菌去离子水定容至 100 mL，高压灭菌后 4℃保存。

A.5　10% SDS 溶液

将 10 g SDS 溶于 90 mL 蒸馏水中，68℃助溶，盐酸调 pH 至 7.2，加蒸馏水定容至 100 mL，室温保存。

A.6　裂解缓冲液

900 μL TE 缓冲液、80 μL 蛋白酶 K(5 mg/mL)和 20 μL10% SDS 的混合溶液。

A.7　DNA 抽提缓冲液

将 Tris-HCl 溶液饱和过的重蒸酚∶氯仿∶异戊醇以 25∶24∶1 的比例混合，密闭避光 4℃保存。

A.8　Taq 酶缓冲液(10 倍 PCR buffer)

0.5 mol/L pH 8.8 的 Tris-HCl、0.5 mol/L 的氯化钾（KCl）和 1% 的 TritonX - 100 的混合溶液。

A.9　TAE 电泳缓冲液(50 倍)

将 242.0 g Tris 碱、37.2 g Na_2EDTA・$2H_2O$ 混合，然后加入 800 mL 的去离子水充分搅拌溶解，再加入 57.1 mL 的冰乙酸，充分混匀，加去离子水定容至 1 L，室温保存。

---

[1]　本附录所有试剂，除特别注明外，均采用分析纯的试剂。

A.10 溴酚蓝指示剂溶液

取溴酚蓝 100 mg,加双蒸水 5 mL,在室温下过夜,待溶解后再称取蔗糖 25 g,加双蒸水溶解后移入溴酚蓝溶液中,摇匀后加双蒸水定容至 50 mL,加入氢氧化钠(NaOH)溶液 1 滴,调至蓝色。

附　录　B
（规范性附录）
吉陶单极虫孢子的形态特征

吉陶单极虫孢子的形态特征见图 B.1。

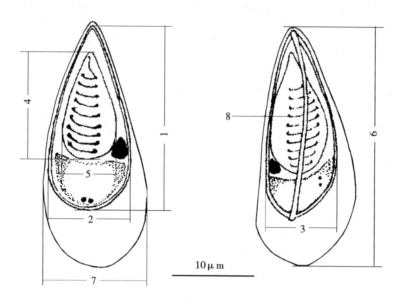

说明：
1——孢子长(23.0 μm～28.0 μm)；　　　　　5——极囊宽(6.0 μm～8.5 μm)；
2——孢子宽(7.9 μm～11.0 μm)；　　　　　6——薄膜鞘长(30.0 μm～38.0 μm)；
3——孢子厚(8.3 μm～10.6 μm)；　　　　　7——薄膜鞘宽(12.0 μm～17.0 μm)；
4——极囊长(13.0 μm～18.0 μm)；　　　　8——极丝(8 圈～10 圈)。

图 B.1　吉陶单极虫孢子的形态特征

附 录 C
（规范性附录）
吉陶单极虫 18S rDNA 扩增产物的参考序列（GenBank 登录号：GQ396677）

```
   1 GACTCGAGCT AATACGTGCA GTTCATTGGC TCGTCTTCGG ACGAGTCAAA GCATTTATTA
  61 GACTAAACCA TCTACTATGC TCGCATAGTA AGGGGAATCT AGATAACTTT GCTGATCGTA
 121 TGGCCTAGTG CCGGCGACGT TTCAATTGAG TTTCTGCCCT ATCAACTTGT TGGTAAGGTA
 181 TTGGCTTACC AAGGTTGCAA CGGGTAACGG GGAATCAGGG TTCGATTCCG GAGAGGGAGC
 241 CTGAGAAACG GCTACCACAT CCAAGGAAGG CAACAGGCGC GCAAATTACC CAATCTAGAC
 301 AGTAGGAGGT GGTGAAGAGA ATTACTAGGT GGTGACTCAA TGAGTTACCA GTTTGGAATG
 361 AACGTAACTT AAGAAATTCG ATGAGAAACA ACTGGAGGGC AAGTCCTGGT GCCAGCAGCC
 421 GCGGTAATTC CAGCTCCAGT AGTTTGCTTT AAAGTTGTTG CGTTTAAAAC GCTCGTAGTT
 481 GGATCACGCA GCAGTGCCCA GTAATCTACT ATTCGACGTA TCACTGAAAA CCACTTGTGT
 541 GGCCTTTCAT GAGCTGTCAT TAGCAGATAC CAACGCTGAG CACTGTTAGT TGCACGTGAG
 601 ATGAATTGTT GGCCTTTATT GAGCCGGTAT TCTCGTCTTG CGGAGTGTGC CTTGAATAAA
 661 ACAGAGTGCT TAAAGCAGGT CGTTGCCTGA ATGTTATAGC ATGGAACGAA CAATCGTGTA
 721 TATGTGTGTA TCCTAGATTG GTGACGAGCC TTAGGCTTGT TGTTGATCTG GATGCATACG
 781 GCACCCACCT AAATATGGCT GTTGGTTCCA TATACGGTGA TGATTAAAAG GAGCGGTTGG
 841 GGGCATCGGT ATTTGGCCGC GAGAGGTGAA ATTCTTAGAC CGGCCAAGGA CTAACAAATG
 901 CAAAGGCACT TGTCTAGACC GTTTCCATTA ATCAAGAACG AAAGTGGGAG GTTCGAAGAC
 961 GATCAGATAC CGTCCTAGTT CCCACCGTAA ACTATGCCGA CCTGGGATCA GTTTAGAGAT
1 021 GTTACAAGCT CTAGATTGGT CCCCCTGGGA AACCTCAAGT TTTTCGGTTA CGGGGAGAGT
1 081 ATGGTCGCAA GGCTGAAACT TAAAGGAATT GACGGAAGGG CACCACCAGG GGTGGAGCCT
1 141 GCGGCTTAAT TTGACTCAAC ACGGGGAAAC TTACCTGGTC CGGACATCGA TAGGATTAAC
1 201 AGATCAATAG CTCTTTTATG ATGCGATGAG TGGTGGTGCA TGGCCGTTCT TAGTTCGTGG
1 261 AGTGATCTGT CGGCCTAATC GCGGTAACGA ACGAGACCAT AATCTCCATT TAAGAGATAG
1 321 AAGCAGACGT CTGTGCGAGT GGAGTCGCAA GATTTCACCC GTCGGGTGTT GCAGGTTGCA
1 381 TTGTGCGTCG CATTGTCAAA GTGTAGGGGC AACCTGAAAC TTTGGTGGTG TGGTGTGCTT
1 441 TGTTCCCTTC TATTGAGCAG CAATCGGTCT CGACTGGTTG TTGCCTTATG GAGAGACAAC
1 501 GAGGTATATA CAAGCTCGAG GAAGAGTGGC TATAACAGGT CAGTGATGCC CTTCGATGCT
1 506 C
```

ICS 65.020.30
B 41

中华人民共和国水产行业标准

SC/T 7224—2017

鲤春病毒血症病毒逆转录环介导等温扩增（RT-LAMP）检测方法

Detection method by reverse transcription loop-mediated isothermal amplification for spring viraemia of carp virus

2017-06-12 发布

2017-10-01 实施

中华人民共和国农业部 发布

前　言

本标准按照 GB/T 1.1—2009 给出的规则起草。

请注意本文件的某些内容可能涉及专利。本文件的发布机构不承担识别这些专利的责任。

本标准由农业部渔业渔政管理局提出。

本标准由全国水产标准化技术委员会(SAC/TC 156)归口。

本标准起草单位：全国水产技术推广总站、深圳市检验检疫科学研究院、深圳出入境检验检疫局、暨南大学食品安全与研究院。

本标准主要起草人：郑晓聪、贾鹏、李清、王津津、余卫忠、何俊强、于力、刘莹、兰文升、史秀杰、刘荏、秦智锋、石磊。

鲤春病毒血症病毒逆转录环介导等温扩增(RT-LAMP)检测方法

1 范围

本标准给出了鲤春病毒血症病毒逆转录环介导等温扩增(RT-LAMP)检测的技术原理,规定了试剂和材料、器材和设备、操作步骤及结果判断。

本标准适用于鲤春病毒血症病毒的初筛检测。

2 规范性引用文件

下列文件对于本文件的应用是必不可少的。凡是注日期的引用文件,仅注日期的版本适用于本文件。凡是不注日期的引用文件,其最新版本(包括所有的修改单)适用于本文件。

GB/T 6682 分析实验室用水规格和试验方法

GB/T 15805.5 鱼类检疫方法 第5部分:鲤春病毒血症病毒(SVCV)

GB/T 18088 出入境动物检疫采样

SC/T 7103 水生动物产地检疫采样技术规范

3 缩略语

下列缩略语适用于本文件。

AMV酶:AMV逆转录酶(avian myelobastosis virus reverse transcriptase)

*Bst*酶:*Bst* DNA聚合酶(大片段)[*Bst* DNA Polymerase(large fragment)]

DEPC:焦碳酸二乙酯(diethyl pyrocarbonate)

dNTP:脱氧核苷三磷酸(deoxyribonucleoside triphosphate)

EDTA:乙二胺四乙酸(ethlenediamine tetraacetic acid)

PBS:磷酸盐缓冲溶液(phosphate buffer saline)

RT-LAMP:逆转录环介导等温扩增(reverse transcription loop-mediated isothermal amplification)

SVCV:鲤春病毒血症病毒(spring viraemia of carp virus)

4 技术原理

本标准根据SVCV(参见附录A中A.1)基质蛋白基因,设计了4条引物(参见附录B)特异性识别基因组中的6个区域。在AMV酶和链置换*Bst*酶的作用下,63℃恒温扩增60 min,即可实现SVCV核酸扩增。而后,在扩增反应后加入显色液,即可通过观察颜色变化判定结果。

5 试剂和材料

5.1 水:符合GB/T 6682中一级水的规格。

5.2 DEPC水:配制方法见附录C中C.1或购买商品化试剂。

5.3 磷酸盐缓冲液(PBS):配制方法见C.2或购买商品化试剂。

5.4 Trizol试剂:商品化试剂,4℃保存。

5.5 三氯甲烷:分析纯,避光常温保存。

5.6 异丙醇:分析纯,使用前预冷至−20℃。

5.7 引物：

SVCV-FIP：5′-CGCTTGTTCCTAGAACCTTTGTAATTTTTCCCTTGAAGACGATGTCAG-3′,40 μmol/L 备用；

SVCV-BIP：5′-TACAGATTGATCATGTTCCGTTGTGTTTTTGGAATACAAGGCCGACC-3′,40 μmol/L 备用；

SVCV-F3：5′-GGATATACAATTGGACACC-3′,10 μmol/L 备用；

SVCV-B3：5′-ACAACTTCCTTGCACCTT-3′,10 μmol/L 备用。

5.8 10×ThermoPol 缓冲液：商品化产品，内含 0.2 mol/L Tris-HCl、0.1 mol/L 氯化钾、0.1 mol/L 硫酸铵、20 mmol/L 硫酸镁、1% Triton X-100。

5.9 dNTPs：含 dATP、dTTP、dCTP、dTTP 各 10 mmol/L。

5.10 甜菜碱：浓度 5 mol/L,配制方法见 C.3,−20℃保存,避免反复冻融。

5.11 硫酸镁($MgSO_4$)：浓度 100 mmol/L,−20℃保存。

5.12 AMV 酶：酶浓度 5 U/μL,−20℃保存,避免反复冻融。

5.13 *Bst* 酶：酶浓度 8 U/μL,−20℃保存,避免反复冻融。

5.14 矿物油：要求无 RNA 酶和 DNA 酶,可购买商品化产品或使用等效的产品。

5.15 75%乙醇：分析纯,用新开启的无水乙醇和 DEPC 水配制,使用前预冷至−20℃。

5.16 显色液：SYBR Green I(配制方法见 C.4)或其他等效的显色试剂。

5.17 阳性对照：感染了 SVCV 的细胞培养物或组织或含有目的片段的核酸。

5.18 阴性对照：经过 GB/T 15805.5 验证的不含 SVCV 的组织或细胞培养物。

5.19 空白对照：可用 DEPC 水作为空白对照。

6 器材和设备

6.1 移液器：量程包括 0.5 μL～10 μL、10 μL～100 μL、100 μL～1 000 μL 等。

6.2 冷冻高速离心机：转速达到 12 000 g。

6.3 无菌研钵或研磨棒。

6.4 涡旋振荡器。

6.5 恒温金属浴或恒温水浴锅：(63±1)℃,(100±1)℃。

6.6 计时器。

6.7 冰箱。

6.8 无菌剪刀、镊子、离心管、PCR 管等耗材。

6.9 消毒设备。

7 操作步骤

7.1 样品采集

7.1.1 采样对象

鲤、锦鲤和金鱼等易感鱼类(参见 A.2)。

7.1.2 采样水温与数量

应在水温 13℃～21℃间进行,采样数量应符合 SC/T 7103 的要求。

7.1.3 样品采集

按 GB/T 18088 的规定执行。对有临床症状(参见 A.3)的鱼,体长≤4 cm 的鱼苗取整条鱼,体长

4 cm～6 cm 的鱼苗取内脏，体长＞6 cm 的鱼取脑、肝、肾、脾；对无症状的鱼取肾、脾、肝和脑组织。成熟雌鱼还需取卵巢液。

7.2 样品处理

将样品置于预冷的无菌研钵中匀浆，然后用预冷的 PBS 以 1∶10(m/v) 重悬，5 000 g 4℃离心 10 min，取上清液待检；若待检样品为病毒的细胞培养物，可直接用于核酸提取。

7.3 设立对照

设置空白对照、阴性对照和阳性对照。

7.4 RNA 抽提

分别取 200 μL 待检样品匀浆上清液，加入 1 mL Trizol 试剂，用移液器充分吹打 10 次～20 次，室温放置 5 min；加入 200 μL 三氯甲烷，旋涡振荡 30 s 混匀，室温放置 15 min；12 000 g 离心 10 min；取上层水相至一新的离心管中，加等体积异丙醇，上下颠倒数次混匀，—20℃放置 20 min；12 000 g 离心 10 min；弃上清液，沉淀用 1 mL 75％乙醇清洗；8 000 g 离心 10 min，弃上清液，沉淀室温干燥 5 min；加 20 μL DEPC 水溶解 RNA 沉淀。—20℃冰箱保存备用。

RNA 提取也可采用等效的商品化 RNA 提取试剂盒，代替以上方法。

7.5 RT‐LAMP 扩增

7.5.1 反应体系

在 0.2 mL PCR 反应管中，按表 1 在冰上配制反应体系，加样宜按空白对照、阴性对照、待检样品、阳性对照的次序分别加入模板，最后加入 20 μL 矿物油，瞬时离心。

也可采用同等效果的商业化 LAMP 试剂盒代替以上方法。

表 1 SVCV LAMP 反应体系(25 μL)

组　分	加样量,μL	终浓度
10×ThermoPol 缓冲液	2.5	1×
硫酸镁溶液(100 mmol/L)	1.5	6 mmol/L
甜菜碱(5 mol/L)	4	0.8 mol/L
dNTPs(10 mmol/L)	4	1.4 mmol/L
SVCV‐FIP(40 μmol/L)	1	1.6 μmol/L
SVCV‐BIP(40 μmol/L)	1	1.6 μmol/L
SVCV‐F3(10 μmol/L)	0.5	0.2 μmol/L
SVCV‐B3(10 μmol/L)	0.5	0.2 μmol/L
AMV 逆转录酶(5 U/μL)	0.5	2.5U
Bst 酶(8 U/μL)	0.5	4U
DEPC 水	6.5	
RNA	2.5	50 ng/μL

7.5.2 反应条件

各样品置于恒温金属浴或恒温水浴锅中，63℃反应 60 min。

7.6 结果观察

在 KT‐LAMP 扩增结束后的反应管中加入 2 μL 显色液，轻轻混匀并在黑色背景下观察。

8 结果判断

8.1 空白对照和阴性对照反应管液体呈橙色，阳性对照反应管液体呈绿色时结果成立。

8.2 待检样品反应管液体呈绿色，则判断该样品 SVCV 初筛阳性；待检样品反应管液体呈橙色，则可判断该样品 SVCV 检测结果为阴性。

附　录　A

（资料性附录）

鲤春病毒血症病毒（SVCV）

A.1　生物学特性

鲤春病毒血症病毒（Spring Viraemia of Carp Virus，SVCV）是单分子负链 RNA 病毒，隶属于弹状病毒科（*Rhabdoviridae*）鲤春病毒属（*Sprivivirus*），是引起鲤春病毒血症（Spring Viraemia of Carp，SVC）的病原，常在春季流行于鲤科鱼特别是在鲤鱼中，引起幼鱼和成鱼死亡。

A.2　易感鱼类

SVCV 的宿主范围很广，包括鲤（*Cyprinus carpio carpio*）、锦鲤（*Cyprinus carpio koi*）、鳙（*Aristichthys nobilis*）、草鱼（*Ctenopharyngodon idellus*）、鲢（*Hypophthalmichthys molitrix*）、鲫（*Carassius auratus*）、丁鳄（*Tinca*）、欧鲶（*Silurus glanis*）等。

A.3　临床症状

感染 SVCV 的鱼类常常聚集在池塘的进水口，呼吸困难、活力下降，并伴有死亡，这是 SVC 暴发的早期信号。病鱼对外界刺激反应迟钝、游动速度逐步下降，发病后病鱼几乎停止游动、身体失去平衡。有些死于池底，有些在池塘边缘无方向性的游动或无意识漂游。

病鱼体色发黑，眼球突出，腹部膨大，肛门红肿，体表（皮肤、鳍条、口腔）和鳃充血。鳃和体表伴有淤血，眼部可能出现症状，肛门发炎、水肿、突出。病鱼体色轻微或者明显变暗，鳃部苍白，有时可见骨骼肌震颤，病鱼捞出水时，可见腹水从肛门中自动流出。

附　录　B

（资料性附录）

LAMP 引物设计及其在 SVCV 基因组中的位置

B.1 LAMP 引物设计示意图

见图 B.1。

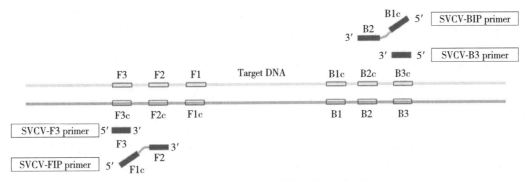

图 B.1 LAMP 引物设计示意图

B.2 LAMP 引物在 SVCV 基因组中的位置

```
5′-ATGTCTACTCTAAGAAAGCTCTTTGGAATCAAGAAGTCAAAAGGTACTCCTCCCACTTACGAGGAGACACTGG
3′-TACAGATGAGATTCTTTCGAGAAACCTTAGTTCTTCAGTTTTCCATGAGGAGGGTGAATGCTCCTCTGTGACC


5′-CGACTGCACCAGTATTAATGGATACTCATGATACTCATTCCCACTCACTGCAGTGGATGAGGTACCATGTTGA
3′-GCTGACGTGGTCATAATTACCTATGAGTACTATGAGTAAGGGTGAGTGACGTCACCTACTCCATGGTACAACT

                SVCV-F                  SVCV-FI
5′-ATTGGATATACAATTGGACACCCCCTTGAAGACGATGTCAGACCTTCTCGGACTCTTGAAAAATTGGGATGTA
3′-TAACCTATATGTTAACCTGTGGGGGAACTTCTGCTACAGTCTGGAAGAGCCTGAGAACTTTTTAACCCTACAT

                                          SVCV-B1c adaptor      B1c
5′-GATTACAAAGGTTCTAGGAACAAGCGTAGATTCTACAGATTGATCATGTTCCGTTGTGCGTTAGAACTCAAGC
3′-CTAATGTTTCCAAGATCCTTGTTCGCATCTAAGATGTCTAACTAGTACAAGGCAACACGCAATCTTGAGTTCG
    F1c    SVCV-F1c adaptor

5′-ATGTGTCGGGAACATACTCTGTTGACGGGTCGGCCTTGTATTCCAACAAGGTGCAAGGAAGTTGTTATGTACC
3′-TACACAGCCCTTGTATGAGACAACTGCCCAGCCGGAACATAAGGTTGTTCCACGTTCCTTCAACAATACATGG
                            SVCV-B               SVCV-B

5′-TCATCGATTTGGTCAAATGCCTCCTTTCAAGAGAGAGATCGAGGTCTTTAGATACCCAGTACACCAACATGGA
3′-AGTAGCTAAACCAGTTTACGGAGGAAAGTTCTCTCTCTAGCTCCAGAAATCTATGGGTCATGTGGTTGTACCT

5′-TACAACGGGGTAGTAGATCTAAGAATGTCGATCTGTGATCTAAATGGAGAGAAGACAGGCCTCAACCTGTTGA
3′-ATGTTGCCCCATCATCTAGATTCTTACAGCTAGACACTAGATTTACCTCTCTTCTGTCCGGAGTTGGACAACT

5′-AAGAGTGTCAGGTGGCTCACCCCAACCATTTCCAAAAATATCTAGAGGAGGTCGGGCTGGAGGCAGCCTGTTC
3′-TTCTCACAGTCCACCGAGTGGGGTTGGTAAAGGTTTTTATAGATCTCCTCCAGCCCGACCTCCGTCGGACAAG

5′-GGCCACAGGAGAGTGGATTCTTGATTGGACATTTCCTATGCCAGTAGACGTGGTGCCTCGTGTTCCTTCCCTG
3′-CCGGTGTCCTCTCACCTAAGAACTAACCTGTAAAGGATACGGTCATCTGCACCACGGAGCACAAGGAAGGGAC

5′-TTCATGAGAGATTAA
3′-AAGTACTCTCTAATT
```

附 录 C
（规范性附录）
试剂配制

C.1 DEPC水

每升去离子水中加入1 mL DEPC,用力摇匀,使DEPC充分混匀在水中,37℃放置12 h,然后121℃高压灭菌15 min后备用。

C.2 磷酸盐缓冲液(PBS,pH 7.2)

每升去离子水中加入NaCl 8 g、KCl 0.2 g、$NaHCO_3$ 1.15 g、KH_2PO_4 0.2 g,经121℃高压灭菌15 min后备用。

C.3 甜菜碱(5 mol/L)

称取2.93 g甜菜碱(相对分子质量117.15)粉末,用5 mL DEPC水溶解完全,再用直径为0.22 μm的一次性滤器过滤分装至离心管中,−20℃保存备用。

C.4 显色液

10 000×SYBR Green I荧光染料用DEPC水稀释10倍后备用,−20℃保存。

ICS 65.020.30
B 41

中华人民共和国水产行业标准

SC/T 7225—2017

草鱼呼肠孤病毒逆转录环介导等温扩增（RT-LAMP）检测方法

Detection method by reverse transcription loop-mediated isothermal amplification for grass carp reovirus

2017-06-12 发布　　　　　　　　　　　　2017-10-01 实施

中华人民共和国农业部 发布

前　言

本标准按照 GB/T 1.1—2009 给出的规则起草。

本标准由农业部渔业渔政管理局提出。

本标准由全国水产标准化技术委员会(SAC/TC 156)归口。

本标准起草单位:浙江省淡水水产研究所。

本标准主要起草人:沈锦玉、郝贵杰、潘晓艺、徐洋、袁雪梅、尹文林、姚嘉赟、蔺凌云。

引　言

　　本文件的发布机构提请注意,声明符合本文件时,可能涉及 6.3 中 RT‐LAMP 引物与《草鱼呼肠孤病毒Ⅰ型Ⅱ型Ⅲ型 RT‐LAMP 可视化检测试剂盒及其检测方法》(专利号:201410683383.7)及《草鱼呼肠孤病毒Ⅰ型Ⅱ型Ⅲ型 RT‐LAMP 荧光检测试剂盒及其检测方法》(专利号:201410684920.X)等相关的专利的使用。

　　本文件的发布机构对于该专利的真实性、有效性和范围无任何立场。

　　该专利持有人已向本文件的发布机构保证,他愿意同任何申请人在合理且无歧视的条款和条件下,就专利授权许可进行谈判。该专利持有人的声明已在本文件的发布机构备案。相关信息可以通过以下联系方式获得:

　　专利持有人:浙江省淡水水产研究所

　　地址:浙江省湖州市吴兴区杭长桥南路 999 号

　　请注意除上述专利外,本文件的某些内容仍可能涉及专利。本文件的发布机构不承担识别这些专利的责任。

草鱼呼肠孤病毒逆转录环介导等温扩增(RT‒LAMP)检测方法

1 范围

本标准描述了草鱼呼肠孤病毒逆转录环介导等温扩增检测的技术原理,规定了试剂和材料、器材和设备、操作步骤及结果判定。

本标准适用于草鱼呼肠孤病毒基因Ⅰ型、Ⅱ型和Ⅲ型的初筛检测。

2 规范性引用文件

下列文件对于本文件的应用是必不可少的。凡是注日期的引用文件,仅注日期的版本适用于本文件。凡是不注日期的引用文件,其最新版本(包括所有的修改单)适用于本文件。

GB/T 6682 分析实验室用水规格和试验方法

GB/T 18088 出入境动物检疫采样

SC/T 7103 水生动物产地检疫采样技术规范

3 缩略语

下列缩略语适用于本文件。

AMV 酶:AMV 逆转录酶(avian myelobastosis virus reverse transcriptase)

Bst 酶:Bst DNA 聚合酶(大片段)[Bst DNA polymerase(large fragment)]

dNTP:脱氧核苷三磷酸(deoxyribonucleoside triphosphate)

RdRp:草鱼呼肠孤病毒 RNA 依赖性的 RNA 聚合酶(RNA dependent RNA polymerase)

RNA:核糖核酸(ribonucleic acid)

RT‒LAMP:逆转录环介导等温扩增(reverse-transcription loop-mediated isothermal amplification)

4 技术原理

分别根据草鱼呼肠孤病毒基因Ⅰ型、Ⅱ型及Ⅲ型 RdRp 基因序列(参见附录 A)设计特异性内引物、外引物及环状引物各 1 对,特异性识别靶序列上的 8 个独立区域,利用 Bst 酶启动循环链置换反应,在 RdRp 基因序列启动互补链合成,形成茎—环 DNA 混合物,加入显色液,即可通过颜色变化观察判定结果。

5 试剂和材料

5.1 水:应符合 GB/T 6682 中一级水的要求;DEPC 水自配(见附录 B 中 B.1)或购买商品化产品。

5.2 阳性对照:各基因型病毒阳性组织、细胞培养物或含目的片段的 RNA。

5.3 RT‒LAMP 引物:引物分为 A、B、C 三组,A 为基因Ⅰ型,B 为基因Ⅱ型,C 为基因Ⅲ型,序列参见附录 A。各组引物 10 倍浓缩液浓度分别为:F3/B3 2 μmol/L、FIP/BIP 16 μmol/L、LF/LB 8 μmol/L;引物浓缩液 D 为三组引物混合配置,浓度同 A、B、C。—20℃保存备用。

5.4 Bst 酶:—20℃保存,酶浓度为 8 U/μL,避免反复冻融。

5.5 AMV 酶:—20℃保存,浓度为 5 U/μL,避免反复冻融。

5.6 10×ThemoPol 聚合酶缓冲液:—20℃保存,含 0.2 mol/L Tris‒HCl、0.1 mol/L KCl、0.1 mol/L

$(NH_4)_2SO_4$，20 mmol/L $MgSO_4$ 和 1% Triton X-100。

5.7 硫酸镁溶液($MgSO_4$)：-20℃保存，浓度为 100 mmol/L。

5.8 甜菜碱：浓度为 5 mol/L，-20℃保存，避免反复冻融(见 B.2)。

5.9 dNTP：-20℃保存，含 dCTP、dGTP、dATP、dTTP 各 10 mmol/L。

5.10 RT-LAMP 反应密封液：购买商品化产品，-20℃保存，无 RNA 酶的矿物油。

5.11 SYBR Green I 荧光染料溶液：-20℃保存，10 000×染料溶液。

5.12 磷酸盐缓冲液(PBS)：浓度 0.01 mol/L，pH 7.2，常温保存(见 B.3)。

5.13 Trizol 试剂：4℃保存。

5.14 三氯甲烷：分析纯试剂，常温保存。

5.15 异丙醇：分析纯试剂，使用前预冷至-20℃。

5.16 75%乙醇：用新开启的无水乙醇和 DEPC 水配制，使用前预冷至-20℃。

6 器材和设备

6.1 -20℃普通冰箱。

6.2 剪刀、镊子、解剖刀等解剖用具。

6.3 无菌研钵或研磨棒。

6.4 涡旋振荡器。

6.5 微量移液器和吸头。

6.6 台式高速冷冻离心机(最高转速 15 000 r/min)和离心管。

6.7 恒温金属浴或可控温水浴锅。

6.8 计时器。

6.9 微波炉。

6.10 高压灭菌锅。

7 操作步骤

7.1 采样

7.1.1 采样对象

草鱼、青鱼等易感鱼类。

7.1.2 水温和数量

应在养殖水温高于 20℃进行，采样数量应符合 SC/T 7103 的要求。

7.1.3 样品采集

按 GB/T 18088 的规定执行。对有临床症状的鱼(参见附录 C)，体长≤4 cm 的鱼去尾后取整条(尾)鱼，体长为 4 cm～6 cm(含)的鱼，取脑、内脏，体长＞6 cm 的鱼取脑、肝、肾和脾；对无症状的鱼取脑、肝、肾和脾。

7.2 样品的处理

将样品置于冰冷的无菌研钵中匀浆，再用 PBS 配成 1：10 乳悬液，冻融 2 次～3 次；然后，在 4℃条件下，以 5 000 r/min 离心 10 min，取上清液待检；若待检样品为病毒的细胞纯培养物，可直接抽提 RNA 检测。

7.3 设立对照

每次扩增应设置空白对照、阴性对照和阳性对照。空白对照以 DEPC 水代替 RNA 模板；阴性对照以不含目的片段的 RNA、正常组织或细胞提取物为模板;阳性对照以含目的片段的 RNA、含靶病毒的组织或细胞提取物为模板。

7.4 RNA 抽提

7.4.1 取 7.2 中待检样品,用 RNA 提取试剂盒抽提,或按 7.4.2~7.4.5 的方法处理。

7.4.2 分别取 200 μL 待检样品匀浆上清液,加入 1 mL Trizol 试剂,用枪头吹打 10 次~20 次,室温放置 5 min;加入 200 μL 三氯甲烷,涡旋振荡 30 s 混匀,室温放置 15 min。

7.4.3 4℃条件下,12 000 r/min 离心 10 min;取上层水相至一新的 EP 管中,加等体积异丙醇,上下颠倒数次混匀,—20℃放置 20 min。

7.4.4 4℃条件下,12 000 r/min 离心 10 min;弃上清液,沉淀用 1 mL 75% 乙醇清洗;4℃条件下,8 000 r/min 离心 10 min,弃上清液,沉淀室温干燥 5 min。

7.4.5 加 20 μL DEPC 水溶解 RNA 沉淀。—20℃冰箱保存备用。若阳性对照、阴性对照为组织或细胞培养物,同法抽提 RNA。

7.5 RT-LAMP 扩增

7.5.1 反应体系

草鱼呼肠孤病毒 RT-LAMP 反应体系于冰上配制,根据表 1 和样品数 N 配置反应体系,之后,按每反应管分装 23 μL 反应液,并各管分别依次加入空白对照、阴性对照、检测样品和阳性对照,加入浓度为 50 ng/μL~250 ng/μL 的 RNA 模板 2.0 μL,混匀。

表 1 逆转录环介导等温扩增反应体系配置(N＝样品数)

组分	工作液浓度	加样量,μL	反应体系终浓度
ThermolPol 缓冲液	10×	2.5×(N+3)	1×
RT-LAMP 引物	10×	2.5×(N+3)	1×
dNTPs	10 mmol/L	3.5×(N+3)	1.4 mmol/L
甜菜碱	5 mol/L	2.0×(N+3)	0.4 mol/L
硫酸镁	100 mmol/L	1.5×(N+3)	6 mmol/L(不包括缓冲液中所含 Mg^{2+})
Bst 酶	8 U/μL	1.0×(N+3)	0.32 U/μL
AMV 酶	5 U/μL	0.5×(N+3)	0.1 U/μL
水	—	9.5×(N+3)	—

检测草鱼呼肠孤病毒时采用引物浓缩液 D 进行 RT-LAMP 检测体系配制;对检测为阳性的样品,需要区分草鱼呼肠孤病毒基因型时,应分别采用引物浓缩液 A、引物浓缩液 B、引物浓缩液 C 进行 RT-LAMP 检测体系配制。

7.5.2 反应条件

恒温金属浴或可控温水浴锅中,65℃反应 40 min。

7.6 SYBR Green Ⅰ荧光染料染色

将 SYBR Green Ⅰ荧光染料溶液用 DEPC 水稀释 10 倍后,分别取 1 μL 加至 25 μL 空白对照、阴性对照、阳性对照和待检样品 LAMP 扩增产物中,轻轻混匀并在黑色背景下观察。

8 结果判定

8.1 阳性结果判定

采用引物 D 进行样品扩增(空白对照和阴性对照反应管液体应为橙色,阳性对照反应管液体应为绿色),结果参考附录 D 的 RT-LAMP 产物检测图进行判定。检测样品反应管液体呈绿色,则判定检测样品草鱼呼肠孤病毒初筛阳性;检测样品反应管液体呈橙色,则判定检测样品草鱼呼肠孤病毒初筛阴性。

8.2 病毒基因型判定

病毒基因型按以下方法判定：

a) 采用引物浓缩液 A 配制 RT-LAMP 检测体系，检测样品结果为阳性的，则判断检测样品草鱼呼肠孤病毒基因 I 型初筛阳性；

b) 采用引物浓缩液 B 配制 RT-LAMP 检测体系，检测样品结果为阳性的，则判断检测样品草鱼呼肠孤病毒基因 II 型初筛阳性；

c) 采用引物浓缩液 C 配制 RT-LAMP 检测体系，检测样品结果为阳性的，则判断检测样品草鱼呼肠孤病毒基因 III 型初筛阳性；

d) 若出现 2 种或 3 种 RT-LAMP 检测体系结果为阳性时，则判断检测样品对应的 2 种或 3 种基因型的草鱼呼肠孤病毒初筛阳性。

附　录　A
（资料性附录）
草鱼呼肠孤病毒 RdRp 基因序列

A.1　草鱼呼肠孤病毒基因Ⅰ型 RdRp 基因部分序列(accession No. AF260512)

```
1471  GACGATTCCAAGGTCAAGAAGTCCTCCAAAATATATCAAGCCGCACAAATCGCTCGTATCGCATTTATGC
1541  TCCTAATCGCTGCCATCCACGCTGAAGTCACGATGGGTATTCGAAATCAAGTGCAACGTCGAGCACGCTC
1611  CATCATGCCTCTCAATGTCATTCAGCAAGCCATCTCCGCGCCTCATACCTTAGTCGCCAACTACATCAAT
1681  AAACACATGAACCTCTCCACCACCTCCGGTAGTGTTGTTACTGATAAGGTCATCCCTCTCATTCTCTACG
1751  CCTCCACCCCCCCCAACACTGTCGTCAACGTCGATATTAAAGCTTGCGACGCCTCCATCACTTACAATTA
```

注:下划线所示部分为 RT–LAMP 靶标扩增区域。

A.2　基因Ⅰ型 LAMP 引物中碱基构成

GCRV–Ⅰ–F3(5′–3′):AATCGCTCGTATCGCATT

GCRV–Ⅰ–B3(5′–3′):TGGTGGAGAGGTTCATGT

GCRV–Ⅰ–FIP(5′–3′):TGCTCGACGTTGCACTTGATTTTCTCCTAATCGCTGCCATC

GCRV–Ⅰ–BIP(5′–3′):CGCTCCATCATGCCTCTCAATTTTTGATGTAGTTGGCGACTAAG

GCRV–Ⅰ–LF:CCATCGTGACTTCAGCGT

GCRV–Ⅰ–LB:TTCAGCAAGCCATCTCCG

A.3　草鱼呼肠孤病毒基因Ⅱ型 RdRp 基因部分序列(accession No. GQ896335)

```
1961  GTAAGCAGAACATGGTACAGCATTTGGCACGTCTATACAAGAAGCCTTTTCAATACGACGTAAATGATCC
2031  ATTCTCACCCGGAAACAAATTTCAATTTGACACCACTGTCTTTCCCTCTGGTTCCACAGCAACGTCCACG
2101  GAGCATACCGCTAACAATAGCACCATGTTTGACTACTTCCTAACTCACTACGTACCACAGAACGCTCAAT
2171  CACCGACGCTTAAGCACATCGTGCGTGGTATGTCGATTCAGCGGAACTACGTATGTCAAGGAGATGATGG
2241  CATATGTATATTGGACCATTATGGTGGGAGGCGCGTGAGTAATGAGGACATAAACGAGTTCATCAAACTC
2311  CTCATAGACTACGGTGGACTATTCGGCTGGCGGTATGATATAGACTTCCACGGTAATGCCGAATTCCTTA
```

注:下划线所示部分为 RT–LAMP 靶标扩增区域。

A.4　基因Ⅱ型 LAMP 引物中碱基构成

GCRV–Ⅱ–F3(5′–3′):AAATGATCCATTCTCACCC

GCRV–Ⅱ–B3(5′–3′):CCACCATAATGGTCCAATATAC

GCRV–Ⅱ–FIP(5′–3′):GTGATTGAGCGTTCTGTGGTATTTTGAGCATACCGCTAACAATAG

GCRV–Ⅱ–BIP(5′–3′):TAAGCACATCGTGCGTGGTTTTTTATGCCATCATCTCCTTGA

GCRV–Ⅱ–LF:CGTAGTGAGTTAGGAAGTAGTC

GCRV–Ⅱ–LB:TATGTCGATTCAGCGGAAC

A.5 草鱼呼肠孤病毒基因Ⅲ型 RdRp 基因部分序列(accession No. JN967630)

```
1611 GCCATTGAACATCGTGCAACAGACTGTATCCGCAATCCACACTATAGTCGCCGATTACATTAATAAACAT
1681 ATGAACTTGTCAACTACTAGCGGCAGTGCTGTGCAAGAGAAGGTCATACCATTGGTGCTTTTCGCATCCA
1751 CCACACCTACAACTGTTGTCAACGTCGATGTTAAAGCCTGTGATGCTTGTGTCACGTACAGTTACTTCCT
1821 ATCGGTCATCTGTGCAGCCATGTATGAGGGACTCAATCCACATGGGGATCCAAGACCGTTTATGGGCGTT
1891 CCCGTGCTGCCATACACGAACCGAGTATCCAGCGCTATGATGACCGATGAGGCCAGTGGTATGCAGGTCA
```

注:下划线所示部分为 RT - LAMP 靶标扩增区域。

A.6 基因Ⅲ型 LAMP 引物中碱基构成

GCRV -Ⅲ- F3(5'- 3'):TATCCGCAATCCACACTA

GCRV -Ⅲ- B3(5'- 3'):CCATAAACGGTCTTGGATC

GCRV -Ⅲ- FIP(5'- 3'):TAGGTGTGGTGGATGCGATTTTTGAACTTGTCAACTACTAGC

GCRV -Ⅲ- BIP(5'- 3'):ACTGTTGTCAACGTCGATGTTATTTTATGACCGATAGGAAGTAACT

GCRV -Ⅲ- LF:CCAATGGTATGACCTTCTCTT

GCRV -Ⅲ- LB:CCTGTGATGCTTGTGTCA

附　录　B
（规范性附录）
试　剂　配　制

B.1　DEPC 水

每升水中加入 1 mL DEPC，用力摇匀，使 DEPC 充分混匀在水中，37℃放置 12 h，再经 121℃ 15 min 高压灭菌并放气后备用。

B.2　甜菜碱（5 mol/L）

称取 2.93 g 甜菜碱粉末，用 5 mL DEPC 水溶解完全，再用直径为 0.22 μm 的一次性滤器过滤分装至 5 个 EP 管中，−20℃保存备用。

B.3　磷酸盐缓冲液（PBS，0.01 mol/L，pH 7.2）

每升蒸馏水中加入氯化钠 8 g、氯化钾 0.2 g、碳酸氢钠 1.15 g、磷酸二氢钾 0.2 g，经 121℃、15 min 高压灭菌后备用。

附　录　C
（资料性附录）
草鱼出血病（Hemorrhagic disease of grass carp）

C.1　病原学

病原为草鱼呼肠孤病毒（Grass carp reovirus，GCRV），又称草鱼出血病病毒（GCHV），属呼肠孤病毒科（*Reoviridae*）刺突病毒亚科（*Spinareovirinae*）水生呼肠孤病毒属（*Aquareovirus*）水生呼肠孤病毒C群（Aquareovirus C）成员。

GCRV病毒粒子呈球状，直径70 nm，有双层衣壳，无囊膜，含有11个双股RNA片段。目前已确定的病毒株有以873株为代表株的基因Ⅰ型，以9014株为代表株的基因Ⅱ型，以HGDRV（原为GCRV104株）为代表株的基因Ⅲ型，3个毒株的核酸电泳图谱、毒力和抗原性等方面都有所差别。GCRV靶器官是鱼肾，病毒感染导致鱼体免疫力下降。

C.2　流行病学

本病主要流行于我国长江中下游以南广大地区，夏季北方也有该病流行报道。越南养殖流行的红点病，其流行水温和发病症状均与本病相似，很可能是同一疾病。

病毒可感染青鱼、草鱼、麦穗鱼、鲢、鳙、鲫、鲤等淡水鱼类，尤以体长2.5 cm～15 cm的草鱼和1足龄青鱼易感。2龄以上草鱼和青鱼发病病例极少，症状也较轻，有的无具体的临床症状，但可携带病毒，成为传染源。

本病主要发生于6月～9月水温在20℃～30℃的季节，尤以25℃～28℃为流行高峰。在该季节也适宜细菌大量繁殖，将明显加重GVRC感染草鱼病情，死亡率可达70%以上。

病毒污染水浸泡可使健康鱼感染，表明本病可经水平传播。也可通过寄生虫传播。

C.3　临床症状

水温25℃时，草鱼出血病潜伏期约为7 d。

病鱼体表发黑、眼突出，口腔、鳃盖、鳃和鳍条基部出血。解剖可见肌肉点状或块状出血、肠道出血；肝、脾和肾也可见不同程度出血，肝有时因失血而发黄。根据临床症状不同分为"红肌肉""红肠""红鳍红鳃盖"3种类型。患病鱼可出现1种症状或同时具有2种及以上的症状。

附　录　D
（资料性附录）
RT‑LAMP 产物检测图

RT‑LAMP 产物检测图见图 D.1。

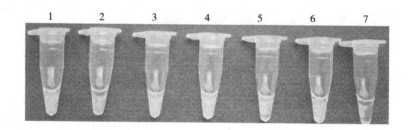

说明：

1——阳性对照（引物 D 扩增）；

2——阴性对照（引物 D 扩增）；

3——引物 D 扩增阳性结果；

4——引物 A 扩增阳性结果；

5——引物 B 扩增阳性结果；

6——引物 C 扩增阳性结果；

7——空白对照（引物 D 扩增）。

图 D.1　RT‑LAMP 产物检测图

ICS 65.020.30
B 41

中华人民共和国水产行业标准

SC/T 7226—2017

鲑甲病毒感染诊断规程

Diagnostic protocol for salmonid alphavirus

2017-06-12 发布

2017-10-01 实施

中华人民共和国农业部 发布

前　言

本标准按照 GB/T 1.1—2009 给出的规则起草。

请注意本文件的某些内容可能涉及专利。本文件的发布机构不承担识别这些专利的责任。

本标准由农业部渔业渔政管理局提出。

本标准由全国水产标准化技术委员会(SAC/TC 156)归口。

本标准起草单位:东北农业大学、全国水产技术推广总站、中国检验检疫科学研究院、北京出入境检验检疫局。

本标准主要起草人:刘敏、余卫忠、吕永辉、江育林、张利峰、任彤。

鲑甲病毒感染诊断规程

1 范围

本标准给出了鲑甲病毒感染的临床症状检查,规定了样品采集及处理、病毒分离、病毒鉴定及结果的综合判定的方法。

本标准适用于鲑甲病毒感染鲑科鱼类引起的胰脏病和昏睡病的流行病学调查、疾病诊断、检疫和监测。

2 规范性引用文件

下列文件对于本文件的应用是必不可少的。凡是注日期的引用文件,仅注日期的版本适用于本文件。凡是不注日期的引用文件,其最新版本(包括所有的修改单)适用于本文件。

GB/T 6682 分析实验室用水规格和试验方法

GB/T 18088 出入境动物检疫采样

SC/T 7103 水生动物产地检疫采样技术规范

3 缩略语

下列缩略语适用于本文件。

CHSE-214:大鳞大马哈鱼胚胎细胞系(Chinook salmon embryo cell line)

CPE:细胞病变效应(Cytopathic effect)

DEPC:焦碳酸二乙酯(Diethyl pyrocarbonate)

dNTP:脱氧核糖核苷三磷酸(deoxyribonucleoside triphosphate)

FCS:胎牛血清(Fetal calf serum)

RT-PCR:逆转录聚合酶链式反应(Reverse transcription-polymerase chain reaction)

SAV:鲑甲病毒(Salmonid alphavirus)

4 试剂和材料

4.1 水:应符合 GB/T 6682 中一级标准水。

4.2 SAV 参考株:由农业部指定的动物病原微生物菌(毒)种保藏机构提供。

4.3 CHSE-214 细胞。

4.4 Trizol 试剂,4 ℃保存。

4.5 M-MLV 反转录酶(200U),−20 ℃保存。

4.6 DNA 分子量标准:DL2000。

4.7 溴化乙锭。

4.8 琼脂糖:电泳级。

4.9 dNTP:10 mmol/L,−20℃保存。

4.10 Taq DNA 聚合酶:5 U/μL,−20℃保存。

4.11 RNA 酶抑制剂(40 U/μL),−20℃保存。

4.12 TBE 电泳缓冲液(5 倍浓缩液):配方按附录 A 中 A.1 的规定执行。

4.13 引物:用 TE 缓冲液或无菌去离子水配置成 10 μmol/L,−20℃保存;扩增大小为 516 bp。引物序

列如下:

E2F: 5'-CCG-TTG-CGG-CCA-CAC-TGG-ATG-3'

E2R: 5'-CCT-CAT-AGG-TGA-TCG-ACG-GCA-G-3'

4.14 磷酸盐缓冲液(PBS):0.01 mol/L,配方按附录A.2的规定执行。

4.15 L-15或EMEM细胞培养液。

4.16 胎牛血清。

4.17 无水乙醇:分析纯。

4.18 普通琼脂糖凝胶DNA电泳6倍上样缓冲液。

5 仪器和设备

5.1 高速冷冻离心机:4 ℃转速12 000 g以上。

5.2 −20℃冰箱。

5.3 PCR仪。

5.4 核酸电泳仪和水平电泳槽:输出直流电压0 V～600 V。

5.5 凝胶成像仪。

5.6 可控温水浴锅或恒温金属浴。

5.7 微波炉。

5.8 生化培养箱。

5.9 涡旋振荡器。

5.10 超净台。

5.11 组织匀浆器。

5.12 倒置显微镜。

6 流行情况与主要临床症状

参见附录B。

7 采样

7.1 采样对象

鲑、鳟等易感鱼类。

7.2 采样水温与数量

应在水温低于18℃进行,采样数量应符合SC/T 7103的要求。

7.3 样品采集

在渔场收集患病的、死亡的、体弱的和行为不正常的,特别是在网箱底部昏睡不动的鱼;采集心脏、鳃、胰腺和骨骼肌。对有临床症状的鱼,体长<4 cm的鱼苗取整条,带卵黄囊的鱼应去掉卵黄囊;体长4 cm～6 cm的鱼苗取所有内脏;体长>6 cm的鱼取心脏、胰脏、鳃和骨骼肌。对无症状的鱼取心脏、胰脏和骨骼肌。取样数量按GB/T 18088的规定执行。

8 病毒分离和鉴定

8.1 病毒分离培养

8.1.1 样品处理

SAV的分离,每5尾鱼为1个样品,若有症状成鱼每1尾为1个样品。先用组织匀浆器将样品匀浆成糊状。再按 1∶10 的最终稀释度重悬于 L‑15 或 EMEM 培养液中。将样品匀浆后再悬浮于含有 1 000 IU/mL 青霉素和 1 000 μg/mL 链霉素的培养液中,于 15℃下孵育 2 h~4 h 或 4℃下孵育 6 h~ 24 h。7 000 g 离心 30 min,收集上清液。如果鱼样本来自于确诊感染传染性胰脏坏死病毒的渔场,应先 用传染性胰脏坏死病毒的抗血清在 15℃孵育样品至少 1 h。

8.1.2 病毒分离

8.1.2.1 样品接种细胞与培养观察

将 CHSE‑214 细胞传到 96 孔板,于 20 ℃培养。把 1∶10 稀释过的样品再用培养液 10 倍稀释成 1∶100 和 1∶1 000,然后把这三个稀释度的样品接种到生长 48 h 内的长满细胞单层的 96 孔板中。每 个样品至少接种 2 孔,每孔的细胞单层接种 100 μL 稀释液。15℃吸附 2 h~3 h 后除去接种物,加入含 2%~5%胎牛血清的 L‑15 或 EMEM 细胞培养液。置于 15℃培养。同时设置 2 个阳性对照(接种 SAV 参考株)和 2 个空白对照(未接种病毒的细胞)。每天用 40 倍到 100 倍倒置显微镜观察,连续观察 至少 7 d。如果接种了被检匀浆上清稀释液的细胞培养孔中出现细胞病变(CPE),应立即进行鉴定。 CPE 表现为致密的斑块和空泡状细胞。如果除阳性对照细胞外,没有 CPE 出现,则在继续培养至 14 d 后再用 CHSE‑214 细胞盲传一次。

8.1.2.2 盲传培养

传代时,将接种了组织匀浆上清稀释液的细胞单层培养物冻融一次,以 3 000 g、4℃离心 5 min,收 集上清液。将上清液接种到新鲜细胞单层,15℃吸附 2 h~3 h 后,加入细胞培养液。15℃继续培养至少 14 d,观察细胞状态。如果在 14 d 或更早出现 CPE,收集细胞培养物进行病毒鉴定。

8.1.3 结果判定

在空白对照细胞正常、阳性对照出现 CPE 的情况下,样品接种细胞有 CPE 出现,或再次盲传培养 后出现 CPE,均为病毒分离结果阳性。

无论是否出现 CPE 都需要用 RT-PCR 方法做进一步鉴定。

8.2 RT-PCR

8.2.1 RNA 提取

将待检的组织悬液或细胞培养液 500 μL 加入 1.5 mL 的离心管中,然后加入 500 μL Trizol,用涡旋 振荡器将其混匀,室温放置 10 min。加入 200 μL 氯仿,盖紧离心管盖,用力振荡离心管,室温放置 10 min。4 ℃,12 000 g 离心 15 min,取上层液相移入另一管,加入等体积的无水乙醇,混匀,−20℃放置 2 h 以上或过夜,4℃ 12 000 g 离心 10 min,去上清,沉淀用 1 mL 75 %乙醇洗涤,4℃ 12 000 g 离心 5 min,去上清液,室温干燥 20 min,用 DEPC 水洗脱 RNA,获得 30 μL RNA 溶液。在提取 RNA 时,应 设立阳性和阴性对照样品,按同样的方法提取 RNA。也可以选择市售商品化 RNA 提取试剂盒,进行 RNA 的提取。

8.2.2 RT-PCR 扩增

8.2.2.1 cDNA 合成

取 10 μL RNA 溶液,下游引物 E2R 2.5 μL 和 2.5 μL 无菌去离子水使总体积为 15 μL。75℃水浴 10 min。冰浴 5 min,离心 1 s~2 s,依次加入:5 倍反转录缓冲液 5.0 μL、dNTP(10 mmol/L)2.0 μL、 RNA 酶抑制剂(40 U/μL)0.5 μL、M-MLV 反转录酶(200 U)0.5 μL、DEPC 水 2.0 μL,总体积为 25 μL。 然后 42℃水浴 1 h 后,于 70℃水浴 5 min,冰浴 30 s,获得 cDNA 溶液,以 cDNA 作为模板进行 PCR 反 应,或于−20℃保存。

8.2.2.2 DNA 扩增

在 8.2.2.1 反应管中再继续加入:10 倍 *Taq* DNA 聚合酶反应缓冲液 8 μL、dNTP(10 mmol/L) 2 μL、上游引物 E2F 2 μL、下游引物 E2R 2 μL、*Taq* DNA 聚合酶(5 U/μL)2.0 μL,加无菌去离子水到总 体积为 100 μL。加完样品后,PCR 管在离心机上离心 1 s~2 s,放入 PCR 仪中,按照反应条件运行。反应条件为:95℃预变性 15 min,94℃变性 20 s,57℃退火 25 s,72℃延伸 50 s,35 个循环,最后 72℃延伸 10 min。

8.2.3 琼脂糖电泳分析

8.2.3.1 琼脂糖凝胶的制作

用 1×TBE 电泳缓冲液配制 1.0%的琼脂糖悬液 20 mL,微波炉加热至溶液完全透明(胶液体积应少于容器体积的 1/4)。待溶液冷却至 60℃左右,加入 2 μL 溴化乙锭,摇匀。将凝胶液缓缓倒入设置好样孔梳的凝胶槽中,待凝胶完全凝固后,小心拔掉样孔梳。

8.2.3.2 电泳

将制备好的琼脂糖凝胶连同凝胶槽一起装入水平电泳槽,加样孔应在负极一侧,加入 0.5×TBE 电泳缓冲液至没过胶面 1 mm~2 mm 的深度。将 5 μL PCR 产物与 2 μL 6 倍上样缓冲液混匀后加入到加样孔中。同时至少一个泳道加入 5 μL DL2000 DNA 分子量标准液。在 90 V~120 V 条件下电泳,当上样缓冲液中的指示剂色带迁移至琼脂糖凝胶 2/3 长度时即可停止电泳,将凝胶置于凝胶成像仪上观察。

8.2.4 结果判定

8.2.4.1 待检样品经 RT-PCR 后阳性对照会在 516 bp 处有一条特定的条带出现,阴性对照和空白对照没有该条带,取 PCR 扩增产物测序,同参考序列(参见附录 C)进行比较,序列符合的可判断待测样品结果为 RT-PCR 阳性。

8.2.4.2 无扩增带或扩增带大小不符合预期值为阴性。

9 综合判定

9.1 疑似病例的判定

易感鱼类出现典型临床症状;或经细胞培养出现 CPE;或经细胞培养不出现 CPE 而 RT-PCR 结果为阳性的样品。

9.2 确诊病例判定

有典型临床症状,直接或经细胞培养后 RT-PCR 检测为阳性结果的样品。

无典型临床症状,直接从鱼组织和经细胞培养后 RT-PCR 检测同时为阳性结果的样品。

附 录 A
（规范性附录）
试 剂 及 其 配 制

A.1 TBE 电泳缓冲液（5 倍浓缩液）

在 1 000 mL 水中，分别加入 Tris 54 g、硼酸 27.5 g、EDTA 2.922 g，用 5 mol/L 的 HCl 调 pH＝8.0。

A.2 0.01 mol/L PBS(pH＝7.2)

在 1 000 mL 水中，分别加入 NaCl 8 g、KCl 0.2 g、KH_2PO_4 0.2 g、$Na_2HPO_4 \cdot 12H_2O$ 2.9 g，充分搅拌完全溶解后，灭菌后 4℃保存。

A.3 溴化乙锭(Ethidium Bromide,EB)

用去离子水配制成 10 mg/mL 的浓缩液。用时每 10 mL 电泳液或琼脂中加 1 μL。

附 录 B

（资料性附录）

鲑甲病毒感染

B.1 疾病描述

鲑甲病毒感染是由鲑甲病毒（salmonid alphavirus，SAV）感染鲑科鱼类引起胰脏病、心肌炎症和昏睡等症状的传染性疾病，致死率达 1%～48%，并在水产养殖的各个阶段均有爆发。1995 年 Nelson 等在爱尔兰首次从患胰脏病的大西洋鲑和虹鳟体内分离出该病毒，1997 年 Castric 等又在法国从患昏睡病的大西洋鲑和虹鳟体内分离到 SAV，目前该病广泛流行于英格兰、苏格兰、挪威、法国、波兰、意大利和西班牙等欧洲国家，据统计从 1995 年至 2007 年发病率逐年增加高达 90%，每年由此疫病造成巨大的经济损失。2013 年鲑甲病毒感染被列入 OIE 水生动物疫病名录中。

B.2 宿主

主要有大西洋鲑（*Salmo salar*）、虹鳟（*Oncorhynchus mykiss*）和褐鳟（*Salmo trutta* L.）等鲑科鱼类，各个生长阶段均易感。

B.3 流行水温

水温在 8℃～15℃时 SAV 的感染力较强，当温度上升时多呈急性短暂的爆发，而当温度下降时多为慢性的爆发。

B.4 临床症状

发病早期养殖鱼类突然食欲下降，管型粪便数量增加，在水面缓慢游动；病鱼体色发黑，眼球突出，腹部膨大，体表和鳍基部出血溃烂，体型纤细，常常下沉于池底或网箱底部呈"睡眠"状态；发病 1 周～2 周后死亡率增加。解剖病鱼可见少量腹水，各脏器点状出血，幽门盲囊之间的胰腺区域发红，有些病鱼出现心脏苍白或心脏破裂，肠道内容物为黄色黏液。

B.5 组织病理学

病鱼胰腺外分泌组织严重消失，胰腺腺泡组织发生炎症并有单核细胞浸润和（或）腺泡周围组织纤维化；多病灶性心肌坏死，细胞出现萎缩，细胞质深度嗜酸，细胞核固缩；骨骼肌的病变包括带有嗜酸性肌浆溢出的玻璃样变性、细胞核向中央迁移和巨噬细胞入侵肌脂，随肌肉损伤周围组织可能发生纤维化。不同器官出现的这些病变具有时间先后顺序，在发病早期阶段，只有病灶部位胰腺外分泌组织坏死，此后不久心脏肌肉细胞变性坏死，心脏的炎症反应变得更加明显，胰腺外分泌组织严重损伤，同时出现心肌炎症，后期骨骼肌变性发炎和纤维化。

B.6 病原

为鲑甲病毒，隶属于披膜病毒科（*Togaviridae*），甲病毒属（*Alphavirus*）。SAV 是单股正链 RNA 病毒，病毒粒子为球形，有囊膜，直径为 60 nm～70 nm；对氯仿敏感，在 pH 3.0、pH 12.0 及 50℃时可迅速失活，在氯化铯中的浮力密度是 1.20 g/mL。病毒易在 CHSE-214、RTG-2、BF-2、FHM、SHK-1、EPC、CHH-1 等细胞株上复制生长，病毒在宿主细胞质中复制，并以出芽方式释放病毒粒子，适宜复制温度为 8℃～15℃。基因组长为 11 kb～12 kb,含有 2 个开放阅读框(ORF):5′端开放阅读框编码 nsP1、nsP2、nsP3 和 nsP4 四种非结构蛋白;3′端开放阅读框编码衣壳蛋白、E3、E2、6K 和 E1 五种结构蛋白,其中衣壳蛋白构成病毒的衣壳,E3、E2、6K 和 E1 共同构成了病毒的囊膜糖蛋白。

根据 E2 和 NSP3 核苷酸序列的差异将 SAV 分为 SAV1～SAV6 六个基因型。SAV1～SAV6 均可感染大西洋鲑引起胰脏病(pancreas disease,PD),并且 SAV2 可感染淡水养殖的虹鳟引起昏睡病(sleeping disease,SD),SAV3 也可以感染虹鳟引起胰脏病。

附 录 C
（资料性附录）
基 因 序 列

C.1 SAV－1型病毒 E2 基因序列

```
                                                           CT GTGTCTACGT
  8 941 CGCCTGCCGC CTTTTACGAC ACACAGATCC TCGCCGCCCA CGCAGCTGCC TCCCCATACA
  9 001 GGGCGTACTG CCCCGATTGT GACGGAACAG CGTGTATCTC GCCGATAGCC ATCGACGAGG
  9 061 TGGTGAGCAG TGGCAGCGAC CACGTCCTCC GCATGCGGGT TGGTTCTCAA TCGGGAGTGA
  9 121 CCGCTAAGGG TGGTGCGGCG GGTGAAACCT CTCTGCGATA CCTGGGAAGG GACGGGAAGG
  9 181 TTCACGCCGC AGACAACACG CGACTCGTGG TGCGCACGAC TGCAAAGTGC GACGTGCTGC
  9 241 AGGCCACTGG CCACTACATC CTGGCCAACT GCCCAGTGGG GCAGAGCCTA ACCGTTGCGG
  9 301 CCACACTGGA TGGCACCCGG CATCAATGCA CCACGGTTTT CGAACACCAG GTAACGGAGA
  9 361 AGTTCACCAG AGAACGCAGC AAGGGCCACC ATCTGTCCGA CATGACCAAG AAATGCACCA
  9 421 GATTTTCCAC TACACCAAAA AAGTCCGCCC TCTACCTCGT TGATGTGTAT GACGCTCTGC
  9 481 CGATTTCTGT AGAGATTAGC ACCGTCGTAA CATGCAGCGA CAGCCAGTGC ACAGTGAGGG
  9 541 TGCCACCTGG TACCACAGTG AAATTCGACA AGAAATGCAA GAGCGCTGAC TCGGCAACCG
  9 601 TCACTTTCAC CAGCGACTCC CAGACGTTTA CGTGTGAGGA GCCAGTCCTA ACGGCTGCCA
  9 661 GTATCACCCA GGGCAAGCCA CACCTCAGAT CGGCAATGTT GCCTAGCGGA GGCAAGGAAG
  9 721 TGAAAGCAAG GATCCCGTTC CCGTTCCCGC CGGAAACCGC AACTTGCAGA GTGAGTGTAG
  9 781 CCCCACTGCC GTCGATCACC TACGAGGAAA GCGATGTCCT GCTAGCCGGT ACCGCAAAAT
  9 841 ACCCTGTGCT GCTAACCACA CGGAACCTTG GTTTCCATAG CAACGCCACA TCCGAATGGA
  9 901 TCCAGGGCAA GTACCTGCGC CGCATCCCGG TCACGCCTCA AGGGATCGAG CTAACATGGG
  9 961 GAAACAACGC GCCGATGCAC TTTTGGTCAT CCGTCAGGTA CGCATCCGGG GACGCTGATG
 10 021 CGTACCCCTG GAACTTCTG GTGTACCACA CCAAGCACCA TCCAGAGTAC GCGTGGGCGT
 10 081 TTGTAGGAGT TGCATGCGGC CTGCTGGCTA TCGCAGCGTG CATGTTTGCG TGCGCATGCA
 10 141 GCAGGGTGCG GTACTCTCTG GTCGCCAACA CGTTCAACTC GAACCCACCA CCATTGACCG
 10 201 CACTGACTGC AGCACTGTGT TGCATACCAG GGGCTCGCGC GGACCAACCC
```

注：下划线处为引物位置。

C.2 SAV－2型病毒 E2 基因序列

```
                                       GCTG TGTCTACGTC GCCTGTCGCC GTTTACGACA
  8 941 CACAAATTCT CGCCGCCCAC GCAGCTGCCT CCCCGTATAG GGCGTACTGC CCCGATTGTG
  9 001 ACGGAACTGC CTGCATCTCG CCGATAGCTA TCGACGAGGT GGTAAGTAGC GGTAGTGACC
  9 061 ACGTCCTTCG CATCCGGGTC GGTTCTCAAT CGGGAGTGAC CGCTAAAGGC GGTGCGGCGG
  9 121 GTGAAACCTC TCTGCGATAC CTGGGAAGGG ACGGTAAGGT TTACGCCGCG GACAACACGC
  9 181 GGCTCGTGGT GCGCACCACT GCAAAGTGTG ACGTGCTGCA GGCCACTGGC CACTACATTC
```

```
 9 241  TGGCCAACTG  CCCAGTGGGG  CAGAGTCTCA  CTGTTGCGGC  CACACTGGAC  GGTACCCGGC
 9 301  ATCAATGCAC  CACGGTTTTC  GAACATCAAG  TAACGGAGAA  GTTCACAAGA  GAACGCAGCA
 9 361  AGGGCCACCA  CCTGTCCGAT  CTGACCAAGA  AATGCACCAG  GTTCTCCACC  ACCCCGAAGA
 9 421  AGTCCGCGCT  CTATCTCGTT  GATGTGTATG  ATGCTCTGCC  GACTTCTGTA  GAGATCAGCA
 9 481  CCGTGGTGAC  ATGCAACGAA  AGACAGTGCA  CAGTGAGGGT  GCCACCCGGT  ACCACAGTGA
 9 541  AATTCGATAA  GAGGTGCAAG  AACGCTGCCA  AAGAGACCGT  CACCTTCACC  AGCGACTCCC
 9 601  AGACGTTTAC  GTGCGAGGAG  CCGGTCCTAA  CGGCCGCCAG  CATCACCCAG  GGCAAGCCGC
 9 661  ACCTCAGATC  GTCAATGTTG  CCCAGCGGAG  GCAAAGAGGT  GAAAGCGAGG  ATTCCATTCC
 9 721  CGTTCCCGCC  AGAGACTGCG  ACTTGCAGAG  TGAGCATCGC  CCCACTGCCA  TCGATTACCT
 9 781  ATGAGGAAAG  CGATGTTCTG  CTGGCCGGCA  CTGCGAAATA  CCCCGTGCTG  CTAACTACAC
 9 841  GGAACCTTGG  TTTCCATAGC  AACGCCACAT  CTGAATGGAT  CCAGGGTAAG  TACCTGCGCC
 9 901  GCATCCCGGT  CACGCCCCAA  GGGATTGAAC  TAATGTTGGG  AAACAACGCA  CCGCTGCACT
 9 961  TCTGGTCATC  TGTCAGGTAC  GCATCTGGAG  ACGCCGACGC  GTACCCCTGG  GAACTTCTGG
10 021  TGCACCACAT  CAAGCACCAT  CCGGAGTACG  CGTGGGCGTT  TGTAGGAGTT  GCATGTGGCC
10 081  TGCTGGCCGT  TGCAGCATGC  ATGTTCGCGT  GCGCATGCAA  CAGGGTGCGG  TACTCTCTGC
10 141  TCGCCAACAC  GTTCAACCCG  AACCCACCAC  CATTGACCGC  ACTGACTGCA  GCATTGTGCT
10 201  GCATACCTGG  GGCTCGCGCG  GATCAACCCT
```

注：下划线处为引物位置。

C.3 SAV-3型病毒 E2 基因序列

```
        GCTGTGTC  TGCGTCGCCT  GCCGCCGTTT  ACGACACACA  AATCCTCGCC  GCCCACGCAG
 8 941  CTGCCTCCCC  GTACAGGGCG  TATTGCCCCG  ACTGTGATGG  AACTGCCTGC  ATCTCGCCGA
 9 001  TAGCTATTGA  CGAGGTGGTA  AGCAGCGGTA  GCGACCACGT  CCTCCGCATC  CGGGTCGGTT
 9 061  CTCAATCGGG  AGTGACCGCT  AAAGGCGGTG  CGGCGGGTGA  AACATCTCTG  CGATACCTGG
 9 121  GAAGGGACGG  TAAGGTGCAC  GCCGCGGACA  ACACGCGGCT  TGTGGTGCGC  ACCACTGCAA
 9 181  AGTGCGATGT  GCTGCAGGCC  ACCGGCCACT  ACATCCTGGC  CAGCTGCCCA  GAGGGGCAGA
 9 241  GTATTACTGT  TGCGGCCACA  CTGGACGGCA  CCCGCCACCA  ATGCACCACG  GTTTTCGAAC
 9 301  ATCAAGTAAC  GGAGAAGTTC  ACCAGAGAAC  GCAGCAAGGG  CCACCACTTG  TCCGACCTGA
 9 361  CCAAGAAGTG  CACCAGATTT  TCCACCACCC  CGAAGAAGTC  CGCCCCCTAC  CTCGTTGACG
 9 421  TGTACGACGC  TCTGCCGATT  TCTGTAGAGA  TTAGCACCGT  TGTAACATGC  AACGACAATC
 9 481  AGTGCACAGT  GAGGGTGTCA  CCCGGTACCA  CAGTGAAATT  CGATAAGAAG  TGCAAGAGCG
 9 541  CTGCCCAAGC  GACCGTTACC  TTTACCAGCG  ACTCCCAGAC  GTTTACGTGT  GAGGAGCCGG
 9 601  TTCTGACGGC  CGCCAGTATC  ACCCAGGGCA  AGCCGCACCT  TAGATCATCT  ATGTTGCCCA
 9 661  GCGGAGGCAA  GGAAGTGAAG  CGAGGATCC  CATTCCCGTT  CCCGCCAGAG  ACCGCGACCT
 9 721  GCAGAGTAAG  TGTCGCCCCG  CTGCCGTCGA  TCACCTATGA  GGAAAGCGAC  GTTCTGCTGG
 9 781  CCGGTACCGC  GAAGTACCCC  GTGCTGCTGA  CTACACGGAA  CCTTGGTTTC  CACAGCAATG
 9 841  CCACATCCGA  ATGGATCCAG  GGTAAGTACT  TGCGCCGTAT  CCCGGTCACG  CCCCAAGGGA
 9 901  TCGAACTAAC  GTGGGGAAAT  AACGCACCGT  TGCACTTCTG  GTCATCTGTT  AGGTACGCAT
 9 961  CTGGGGACGC  CGACGCGTAC  CCTTGGGAAC  TTCTGGTGCA  CCACACCAAG  CACCATCCGG
10 021  AGTACGCGTG  GGCGTTTGTA  GGAGTTGCAT  GTGGTCTGCT  GGTTATTGCA  GTATGCATGT
10 081  TCGCGTGCGC  ATGCAACAGA  GTGCGGTACT  CTTTGGTCGC  CAACACGTTC  AACCCGAACC
10 141  CACCACCACT  GACCGCACTG  ACTGCAGCAT  TGTGCTGCAT  ACCTGGGGCT  CGTGCG
```

注：下划线处为引物位置。

C.4 SAV-5型病毒E2基因序列

```
  51 CGGGTGAAAC ATCTCTGCGA TACCTGGGAA GGGACGGTAA GGTGCACGCC GCGGACAACA
  61 CGCGGCTTGT GGTGCGCACC ACTGCAAAGT GCGATGTGCT GCAGGCCACC GGCCACTACA
 121 TCCTGGCCAG CTGCCCAGAG GGGCAGAGTA TTACTGTTGC GGCCACACTG GACGGCACCC
 181 GCCACCAATG CACCACGGTT TTCGAACATC AAGTAACGGA GAAGTTCACC AGAGAACGCA
 241 GCAAGGGCCA CCACTTGTCC GACCTGACCA AGAAGTGCAC CAGATTTTCC ACCACCCCGA
 301 AGAAGTCCGC CCCCTACCTC GTTGACGTGT ACGACGCTCT GCCGATTTCC GTAGAGATTA
 361 GCACCGTTGT AACATGCAAC GACAATCAGT GCACAGTGAG GGTGTCACCC GGTACCACAG
 421 TGAAATTCGA TAAGAAGTGC AAGAGCGCTG CCCAAGCGAC CGTTACCTTT ACCAGCGACT
 481 CCCAGACGTT TACGTGTGAG GAGCCGGTTC TGACGGCCGC CAGTATCACC CAGGGCAAGC
 541 CGCACCTTAG ATCATCTATG TTGCCCAGCG GAGGCAAGGA AGTGAAGGCG AGGATCCCAT
 601 TCCCGTTCCC GCCAGAGACC GCGACCTGCA GAGTAAGTGT CGCCCCGCTG CCGTCGATCA
 661 CCTATGAGGA AAGCGACGTT CTGCTGGCCG GTACCGCGAA GTACCCCGTG CTGCTGACTA
 721 CACGGAACCT TGGTTTCCAC AGCAATGCCA CATCCGAATG GATCCAGGGT AAGTACTTGC
 781 GCCGTATCCC GGTCACGCCC CAAGGGATCG AACTAACGTG GGGAAATAAC GCACCGTTGC
 841 ACTTCTGGTC ATCTGTTAGG TACGCATCTG GGGACGCCGA CGCGTACCCT TGGGAACTTC
 901 TGGTGCACCA CACCAAGCAC CATCCGGAGT ACGCGTGGGC GTTTGTAGGA GTTGCATGTG
 961 GTCTGCTGGT TATTGCAGTA TGCATGTTCG CGTGCGCATG CAACAGAGTG CGGTACTCTT
1 021 TGGTCGCCAA CACGTTCAAC CCGAACCCAC CACCACTGAC CGCACTGACT GCAGCATTGT
1 081 GCTGCATACC TGGGGCTCGT GCG
```

注:下划线处为引物位置。

ICS 65.020.30
B 41

中华人民共和国水产行业标准

SC/T 7227—2017

传染性造血器官坏死病毒逆转录环介导等温扩增（RT-LAMP）检测方法

Detection method of reverse transcriptation loop-mediated isothermal amplification (RT-LAMP)for infectious haematopoietic necrosis virus

2017-12-22 发布

2018-06-01 实施

中华人民共和国农业部 发布

前　言

本标准按照 GB/T 1.1—2009 给出的规则起草。

请注意本文件的某些内容可能涉及专利。本文件的发布机构不承担识别这些专利的责任。

本标准由农业部渔业渔政管理局提出。

本标准由全国水产标准化技术委员会(SAC/TC 156)归口。

本标准起草单位:全国水产技术推广总站、中华人民共和国深圳出入境检验检疫局、深圳市检验检疫科学研究院。

本标准主要起草人:贾鹏、郑晓聪、余卫忠、王津津、李清、刘莹、温智清、何俊强、于力、兰文升、史秀杰、刘荭、秦智锋。

传染性造血器官坏死病毒逆转录环介导等温扩增(RT-LAMP)检测方法

1 范围

本标准规定了传染性造血器官坏死病毒逆转录环介导等温扩增检测方法的试剂和材料、器材和设备、操作步骤、结果判定和防污染措施。

本标准适用于传染性造血器官坏死病毒的初检。

2 规范性引用文件

下列文件对于本文件的应用是必不可少的。凡是注日期的引用文件,仅注日期的版本适用于本文件。凡是不注日期的引用文件,其最新版本(包括所有的修改单)适用于本文件。

GB/T 6682　分析实验室用水规格和实验方法

GB/T 15805.2　传染性造血器官坏死病诊断规程

GB 19489　实验室生物安全通用要求

GB/T 27403　实验室质量控制规范　食品分子生物学检测

SC/T 7103　水生动物产地检疫采样技术规范

OIE《水生动物疾病诊断手册》(2016 版)

3 缩略语

下列缩略语适用于本文件。

AMV 逆转录酶:禽类成髓细胞瘤病毒逆转录酶(avian myelobastosis virus reverse transcriptase)

Bst 酶:*Bst* DNA 聚合酶(大片段)[*Bst* DNA polymerase(large fragment)]

DEPC:焦碳酸二乙酯(diethy pyrocarbonate)

dNTPs:脱氧核苷三磷酸(deoxyribonucleoside triphosphate)

EDTA:乙二胺四乙酸(ethlenediamine tetraacetic acid)

IHNV:传染性造血器官坏死病毒(infectious haematopoietic necrosis virus)

PBS:磷酸盐缓冲溶液(phosphate buffer saline)

RT-LAMP:逆转录环介导等温扩增(reverse transcription loop-mediated isothermal amplification)

RNA:核糖核酸(ribonucleic acid)

4 概述

在 IHNV 基因组 5 401 bp~5 701 bp 区域设计 6 条特异引物(参见附录 A),在 *Bst* 酶的作用下,65℃恒温扩增 30 min~60 min,即可实现 IHNV 核酸扩增。反应结束后,加入荧光显色液即可通过颜色变化判定结果。

5 试剂和材料

5.1　水:符合 GB/T 6682 中一级水的规格。

5.2　IHNV 参考株:由农业部指定单位提供。

5.3 75％乙醇：用新开启的无水乙醇（分析纯）和 DEPC 水（见附录 B 中的 B.1）配制，—20℃预冷。

5.4 Trizol 试剂，4℃保存。

5.5 异丙醇：分析纯试剂，使用前预冷至—20℃。

5.6 三氯甲烷：分析纯试剂，常温保存。

5.7 dNTPs：含 dCTP、dGTP、dATP、dTTP。

5.8 Bst 酶：—20℃保存，酶浓度为 8 U/μL，避免反复冻融。

5.9 甜菜碱：浓度为 5 mol/L，—20℃保存，避免反复冻融，见 B.2。

5.10 10×ThermoPol 缓冲液：含 0.2 mol/L Tris - HCl，0.1 mol/L KCl，0.1 mol/L（NH$_4$）$_2$SO$_4$，20 mmol/L MgSO$_4$ 和 0.1％ Triton X - 100，—20℃保存。

5.11 硫酸镁（MgSO$_4$）：浓度为 150 mmol/L。

5.12 AMV 逆转录酶：—20℃保存，避免反复冻融或温度剧烈变化。

5.13 磷酸盐缓冲液（PBS）：浓度 0.01 mol/L，pH 7.2，常温保存（见 B.3）。

5.14 显色液：SYBR Green Ⅰ（见 B.4）或其他等效的显色试剂。

5.15 LAMP 引物：—20℃保存备用。其序列如下：

正向外引物（F3）：5′- GCAATTCTCCTCCAGAGC - 3′；

反向外引物（B3）：5′- TGTCGGTCACTCTGAGG - 3′；

正向内引物（F1c+F2）：5′- TCTCCTGACTTGGTGAATTCCTCTTCTTCAGATAGAGTTCGTGGA - 3′；

反向内引物（B1c+B2）：5′- GTGTAACACCGTATGCGGACTTATGACTGCCATCAACACG - 3′；

正向环引物（LoopF）：5′- ATCCTCGATCTGTGAAGTACAAG - 3′；

反向环引物（LoopB）：5′- CCTTGCCTGGATCAAGATCA - 3′。

5.16 矿物油：无 RNA 酶和 DNA 酶。

5.17 阳性对照：IHNV 细胞培养物、组织、含有目的片段的核酸。

5.18 阴性对照：经过 GB/T 15805.2 验证的不含 IHNV 的组织或细胞培养物。

5.19 空白对照：DEPC 水。

6 器材和设备

6.1 分析电子天平。

6.2 冷冻高速离心机。

6.3 恒温金属浴或恒温水浴锅。

6.4 微量移液器：量程包括 0.5 μL～10 μL；10 μL～100 μL；100 μL～1 000 μL。

6.5 无菌研钵或研磨棒。

6.6 —20℃普通冰箱。

6.7 无菌剪刀、镊子、1.5 mL 离心管、PCR 管、与微量移液器相匹配的枪头。

6.8 计时器。

6.9 pH 计。

7 操作步骤

7.1 采样

7.1.1 采样对象

IHNV 易感鱼类（参见附录 C）。

7.1.2 采样数量

采样数量应符合 SC/T 7103 的规定。

7.1.3 样品采集

鱼卵取卵膜;亲鱼取卵巢液和精液;体长小于 4 cm 的鱼苗取整条鱼,若是带卵黄囊的鱼应去掉卵黄囊;体长 4 cm~6 cm 的鱼取内脏(包括肾);体长大于 6 cm 的鱼则取脑、肾和脾。优先采集有临床症状(参见 C.3)的鱼。

7.2 样品的处理

实验室检测条件应符合 GB 19489 的规定。最多 5 尾鱼为一个混合样,冰浴条件下,每个混合样至少取 0.5 g 组织。用无菌手术剪刀将其剪碎并在低温下研磨成糊状,用预冷的磷酸盐缓冲液(见 B.3)按 1 mL/g 比例将研磨后的组织重悬。4℃、8 000 r/min 离心 15 min,取上清液用于 RNA 提取。若待检样品为细胞培养物,可直接用于 RNA 提取。

7.3 设立对照

从 RNA 抽提起,每步实验均需设置空白对照、阴性对照和阳性对照。

7.4 RNA 抽提

取 200 mg 研磨后的组织置于无菌的 1.5 mL 离心管中,加 600 μL Trizol 溶液,剧烈振荡混匀后,室温放置 5 min。加 200 μL 氯仿,盖紧盖子,剧烈摇动 15 s,室温放置 3 min。4℃、12 000 r/min 离心 5 min。吸取上清液置于新的无菌离心管中,加入 500 μL 预冷的异丙醇,上下翻转混匀,室温放置 10 min。4℃、12 000 r/min 离心 5 min。缓慢弃上清液,将离心管倒置于吸水纸上,将液体去除。加入 1 000 μL 预冷的 75% 乙醇缓慢倒转洗涤沉淀。4℃、12 000 r/min 离心 10 min,弃上清液,将离心管倒置于吸水纸上,室温干燥沉淀 5 min~10 min,或用枪头将液体吸干。加入 20 μL DEPC 水,4 000 r/min 离心 5 s,室温溶解 10 min。—20℃保存备用。

可采用同等效果的商业化 RNA 抽提试剂盒代替以上方法。

7.5 RT-LAMP 扩增

7.5.1 反应体系

将引物溶液置于 95℃ 预变性 2 min 后,立即冰浴 5 min。

冰浴条件下,按表 1 配制反应体系并加入 0.2 mL PCR 反应管。按空白对照、阴性对照、待测样品、阳性对照的顺序依次加入模板,瞬时离心,最后加入 30 μL 矿物油。

表 1　IHNV RT-LAMP 反应体系(25 μL)

组　分	加样量,μL	反应体系终浓度
10×ThermoPol 缓冲液	2.5	1×
硫酸镁(MgSO₄)(150 mmol/L)	1	8 mmol/L
甜菜碱(5 mol/L)	4	0.8 mol/L
dNTPs(10 mmol/L)	4	1.6 mmol/L
F1c+F2(40 μmol/L)	1	1.6 μmol/L
B1c+B2(40 μmol/L)	1	1.6 μmol/L
F3(5 μmol/L)	0.5	0.1 μmol/L
B3(5 μmol/L)	0.5	0.1 μmol/L
LoopF(20 μmol/L)	1	0.8 μmol/L
LoopB(20 μmol/L)	1	0.8 μmol/L
Bst 酶(8 U/μL)	1	0.32 U/μL
AMV 逆转录酶(5 U/μL)	0.5	0.1 U/μL
DEPC 水	4.5	
RNA	2.5	50 ng/μL

7.5.2 **SYBR Green I 荧光染料预添加**

将 2 μL 显色液轻轻滴在 PCR 管盖上。缓慢盖上 PCR 盖子,以防显色液掉入反应体系中。

7.5.3 反应条件

将反应体系置于恒温金属浴或水浴中,65℃反应 40 min。

7.5.4 显色

将 PCR 管上下颠倒,使显色液和 RT‐LAMP 反应体系充分接触。在黑色背景下观察反应管液体颜色变化。

可采用同等效果的商业化 LAMP 试剂盒代替以上方法。

8 结果判定

8.1 空白对照和阴性对照反应管液体呈橙色,阳性对照反应管液体呈绿色,说明实验成立。

8.2 待检样品反应管液体呈橙色,则判定该样品为 IHNV 阴性。

8.3 待检样品反应管液体呈绿色,则判定该样品为 IHNV 初检阳性。

8.4 对 IHNV 初检阳性的样品,需按照 OIE《水生动物疾病诊断手册》(2016 版)中第 2 章～第 4 章或 GB/T 15805.2 的规定做进一步确认,方可报告最终结果。

9 防污染措施

9.1 检测过程中,防止交叉污染的措施按照 GB/T 27403 的规定执行。

9.2 检测过程中,PCR 反应管不能开盖。

9.3 RT‐LAMP 反应管使用后,浸泡于巴氏消毒液中。

附 录 A

（资料性附录）

传染性造血器官坏死病毒 RT‑LAMP 方法循环示意图和扩增序列

传染性造血器官坏死病毒 RT‑LAMP 方法循环示意图和扩增序列见图 A.1。

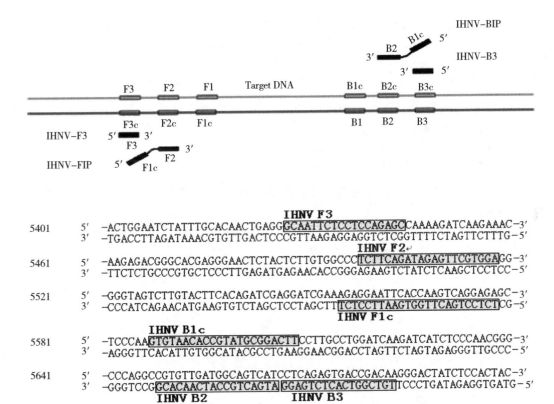

注：本标准规定的 RT‑LAMP 方法，扩增 IHNV N 基因部分序列。

图 A.1 传染性造血器官坏死病毒 RT‑LAMP 方法循环示意图和扩增序列

附　录　B
（规范性附录）
试剂及其配制

B.1　DEPC 水

每升超纯水中加入 1 mL DEPC，用力摇匀，使 DEPC 充分混匀在水中，37℃放置 12 h，再经 121℃、15 min 高压灭菌，备用。

B.2　甜菜碱(5 mol/L)

称取 2.93 g 甜菜碱粉末，用 5 mL DEPC 水溶解完全，再用直径为 0.22 μm 的一次性滤器过滤分装至 5 个离心管中，−20℃保存备用。

B.3　磷酸盐缓冲液(PBS,0.01 mol/L,pH 7.2)

每升蒸馏水中加入氯化钠 8 g、氯化钾 0.2 g、碳酸氢钠 1.15 g、磷酸二氢钾 0.2 g，经 121℃、15 min 高压灭菌后备用。

B.4　显色液

10 000×SYBR Green Ⅰ荧光染料用 DEPC 水稀释 10 倍，−20℃保存备用。

附　录　C
（资料性附录）
传染性造血器官坏死病

C.1　病原生物学特性

传染性造血器官坏死病（Infectious haematopoietic necrosis，IHN）是一种由传染性造血器官坏死病毒（Infectious haematopoietic necrosis virus，IHNV）感染鲑科鱼类的病毒性传染病。IHNV 基因组大小约为 11 100 bp，单股负义 RNA 病毒，属于弹状病毒科（*Rhabdoviridae*）粒外弹状病毒属（*Novirhabdovirus*）。IHNV 基因组包含 6 个编码框，依次为核衣壳蛋白（Nucleocapsid protein，N）、磷蛋白（Phosphoprotein，P）、基质蛋白（Matrix protein，M）、糖蛋白（Glycoprotein，G）、非结构蛋白（Non-virion protein，NV）和 RNA 依赖的 RNA 聚合酶（Polymerase protein，L）。不同编码基因间均有基因间隔区（gene junction），且不同间隔区基因序列相对保守[UCURUC(U)7RCCGUC(N)4CACR]。

C.2　易感鱼类

该病主要感染鲑科鱼类，易感鱼类包括虹鳟 *Oncorhynchus mykiss*、大鳞大马哈鱼 *O. tshawytscha*、红大马哈鱼 *O. nerka*、狗鱼 *O. gorbuscha*、银大马哈鱼 *O. kisutch*、大西洋鲑 *Salmo salar*、七彩鲑 *S. trutta*、湖红点鲑 *Salvelinus namaycush*、日本淡水鲑 *Plecoglossus altivelis*。一些非鲑科鱼类对 IHNV 也易感，包括鲱 *Clupea pallasi*、大西洋鳕 *Gadus morhua*、美洲白鲟 *Acipenser transmontanus*、白斑狗鱼 *Esox lucius*、海鲈 *Cymatogaster aggregata* 等，且幼鱼对 IHNV 的敏感性高于成鱼。

C.3　临床症状

带毒的、发病的鱼及鱼卵是该病的主要传染源，发病和流行水温为 3℃～15℃。临床症状主要表现为漫游、食欲不振、体表发黑、鳃苍白、眼球突出、肛门拖假便、腹部肿大、体表出血等临床症状。剖解可见病鱼腹水、脾脏肿大、部分脏器有出血点、脊柱畸形等病理特征。

ICS 47.020
U 15

中华人民共和国水产行业标准

SC/T 8141—2017

木质渔船捻缝技术要求及检验方法

Technical requirements and test method of caulking in wooden fishing vessel

2017-06-12 发布

2017-10-01 实施

中华人民共和国农业部 发布

前　言

本标准按照 GB/T 1.1—2009 给出的规则起草。

请注意本文件的某些内容可能涉及专利。本文件的发布机构不承担识别这些专利的责任。

本标准由农业部渔业渔政管理局提出。

本标准由全国渔船标准化技术委员会(SAC/TC 157)归口。

本标准起草单位:农业部渔业船舶检验局、河北渤盛船业服务中心、广东渔业船舶检验局阳江检验处、盘锦远航渔船修造厂、河北渔业船舶检验局昌黎检验站。

本标准主要起草人:刘立新、李志伟、肖文波、梁汝铁、张兴华、郑永波、王东。

木质渔船捻缝技术要求及检验方法

1 范围

本标准规定了木质渔船捻缝材料、麻板制作、捻缝施工要求及检验方法。

本标准适用于木质渔船捻缝的施工及检验。

2 规范性引用文件

下列文件对于本文件的应用是必不可少的。凡是注日期的引用文件，仅注日期的版本适用于本文件。凡是不注日期的引用文件，其最新版本（包括所有的修改单）适用于本文件。

GB/T 8834 绳索 有关物理和机械性能的测定

NY/T 255 剑麻纱

JC/T 481 建筑消石灰粉

3 术语和定义

下列术语和定义适用于本文件。

3.1

桐油 tung oil

油桐树籽经过压榨得到的油，有一定的毒性。

3.2

白灰 lime

粉末状氢氧化钙。

3.3

腻子 putty

用白灰和桐油等材料混合形成的泥状物。

3.4

麻丝 hemp thread

以苎麻、亚麻或黄麻等天然材质为原料，通过浸沤、扒丝等工艺得到的一种天然纤维丝状物。

3.5

麻灰 hemp ash

又称麻板或麻饼，由腻子、桐油、麻丝段混合形成。

3.6

捻缝 caulking

木质船建造或修理过程中，对所有板缝、板材缺陷等部位用麻灰等材料填充的工艺。

4 捻缝一般要求

4.1 捻缝材料

4.1.1 绳子、麻丝、网纱、竹类等纤维均可作为捻缝的材料。绳子可用松软的乙烯、麻绳等，麻绳的质量要求和试验方法应符合附录 A 的规定，麻丝的质量要求和检验应按照 NY/T 255 的规定执行，捻缝材料应经去污、脱胶、梳理及干燥处理，不应有杂物。

4.1.2 白灰应选用优质熟石灰,外观应为粉状,不应潮湿、结块和有杂质,南方可以用贝壳粉石、螺壳粉。质量应符合 JC/T 481 的要求。

4.1.3 调和腻子的油应使用桐油,桐油纯度和质量应符合附录 B 的要求。

4.2 腻子制作

4.2.1 成分:白灰、桐油、水。

4.2.2 混合比例:30∶10∶(0.5～1)。

> 注1:水的比例视当地的湿度情况可适当变化。
> 注2:在白灰中应先加水,后加桐油。
> 注3:用于制作软麻灰的腻子可适当增加桐油和水的比例。

4.2.3 制作方法:用碾压、挤出、搅拌、人工或机械反复锤砸等方法,制作时间应不少于 40 min,直至 3 种成分混合充分、均匀。

4.3 麻灰制作

4.3.1 成分:腻子、桐油、麻丝(长度为 5 mm～10 mm)。

4.3.2 混合比例:10∶1∶(0.5～1)。

> 注:麻丝的比例视情况可适当变化。

4.3.3 制作方法:根据使用软、硬情况用桐油调和,软麻灰用人工或电钻搅拌均匀,硬麻灰用机械或人工反复锤砸,直至 3 种成分混合均匀。

4.4 捻缝

4.4.1 所有捻缝均应在铁钉、螺栓紧固后施行。所有需要捻缝处应彻底清除灰尘、木屑和腐朽物。

4.4.2 船体板各接头部位先捻并留有接茬。

4.4.3 船体外板、甲板、甲板室及上层建筑围壁和水密横舱壁等各构件之间的纵向或横向板缝都应捻缝;全船所有铁钉、螺栓穴都应以麻灰封实至不渗水。

4.4.4 船体构件表面的裂纹,凡深度超过材厚的 1/4 时,均应捻缝修补。构件局部有腐烂、蛀蚀或其他缺陷时,不影响建造维修质量,能够使用的,应清除腐质,抹麻灰填平。

4.4.5 板缝要求

4.4.5.1 拼缝前相邻两板的边缘要刨成坡口,拼缝后使缝口横截面呈外宽内窄的"V"形。

4.4.5.2 两板之间的拼缝处应尽量紧密。板厚不足 60 mm 时,外侧缝口应不大于 5 mm,内侧缝口应不大于 3 mm;当板厚大于 60 mm 时,外侧缝口应不大于 8 mm,内侧缝口应不大于 3 mm。

4.4.6 龙骨、肋骨、船板捻缝要求

4.4.6.1 拼接龙骨前应在接触面上抹适量的麻灰,然后把龙骨合在一起打孔,穿上螺栓并紧固。建造新船捻龙骨时,应两侧交替进行。

4.4.6.2 肋骨与龙骨、船体板的接触面应根据造船进度抹麻灰。

4.4.7 捻缝工艺要求

4.4.7.1 打底灰

先在缝口里刷一遍桐油,然后用篾子在缝口处抹上适当的一层麻灰,要求抹灰要均匀,使麻灰层的宽度刚好是外缝口宽度,麻灰不应抹太厚。

4.4.7.2 捻绳或麻丝

根据缝口的大小选择绳的规格,绳的粗细应比板缝宽度大 3 mm～4 mm。第一道绳或麻丝打入的深度应使板缝里面的麻灰挤出,打入绳或麻丝的量达到船板厚度的 70%,盖上面灰后捻缝的外表面要比板面凹 2 mm～4 mm。

4.4.7.3 舱内覆缝

把板缝上不平整的地方修理平整,去掉多余的麻灰及杂质。

4.4.7.4 抹面灰

以上工序完成并干燥后,抹面灰及涂刷桐油,注重表面的光洁。

4.4.8 船板捻缝顺序

4.4.8.1 船底板的捻缝顺序

先捻龙骨与翼板间的板缝,依次向外捻好两道缝后,再捻舭龙骨与边底板缝,然后依次向里捻船底板缝。

4.4.8.2 舷侧列板的捻缝顺序

舷侧厚材Ⅰ向下捻两道缝,然后再从舭龙骨上面的缝向上捻,以此类推,直到捻完为止。

4.4.8.3 舱壁板的捻缝顺序

应先捻舱壁板的底部,依次向上捻舱壁板缝,再捻舱壁板四周缝。

5 捻缝质量检验

5.1 腻子检测方法

5.1.1 切开腻子团,检查切面质地是否均匀。

5.1.2 捻缝时不应自流或发干发硬。

5.1.3 用光面竹篾子划过,应留下无断裂光滑的沟槽。

5.2 麻灰检测方法

目测无麻团、腻子团,无不粘腻子的麻丝;切开坨状麻灰团,检查切面质地均匀。

5.3 捻缝外观检查

所有捻缝均需进行外观检查。检查捻缝处是否连续、均匀、致密、顺滑无开裂或脱落。缝口不应出现高出板面、麻丝外露、板材外表面沾灰、灰表面裂纹和脱落现象。

5.4 拆检

必要时可对捻缝进行拆检,检查捻缝是否符合要求。拆检长度一般应不小于200 mm。

5.5 密性试验

5.5.1 船舶下水前、后应进行水密检查,不应漏水、渗水。

5.5.2 甲板、甲板室围壁、舱口盖、露天机舱天窗、驾驶室门窗以及其他露天的非水密门窗应做淋水试验。

附　录　A

（规范性附录）

麻　绳　质　量　要　求

A.1　材料

应以熟黄麻与熟红麻搭配，经梳理、绕坯子、加捻合股等工艺制成。

A.2　颜色

应为自然色。

A.3　外观质量

麻绳粗细应均匀、接头应平顺，外观不应有明显黑斑、扭股，不应有缺股、局部霉烂、霉变等缺陷。

A.4　规格与物理性能指标

见表A.1。

表A.1　麻绳规格与物理性能指标

规格	直径 mm	股数	断裂强力 N	捻度 捻/m	重量 g/m
Φ2	2±0.2	2或3	200	—	—
Φ5	5±0.3	3	1 200	55±2	15±2
Φ6	6±0.3	3	2 000	49±2	19±2
Φ7	7±0.3	3	2 800	47±2	23±2

A.5　试验方法

A.5.1　外观质量的检验为目测感官检验。

A.5.2　直径与断裂强力的检验应按GB/T 8834的规定执行。

A.5.3　捻度的测定：任取3个1 m以上试样，数出1 m长度的捻度值，取3个试样的算术平均值。

A.5.4　重量的测量：任取3个1 m长度试样，用天平分别称重，取3个试样的算术平均值。

附 录 B

（规范性附录）

桐油质量等级要求

桐油质量等级要求见表 B.1。

表 B.1 桐油质量等级

序号	项 目	等级指标		
		1 级	2 级	3 级
1	色泽 （罗维比色计 1 英寸槽）	黄 35 红≤3.0	黄 35 红≤5.0	黄 35 红≤7.0
2	气味	具有桐油固有的正常气味，无异味		
3	透明度 （在 20℃ 条件下，静置 24 h）	透明	允许微浊	允许微浊
4	酸价，mgKOH/g	≤3.0	≤5.0	≤7.0
5	水分及挥发物，%	≤0.10	≤0.15	≤0.20
6	杂质，%	≤0.10	≤0.15	≤0.20
7	β-桐油试验（3.3℃～4.4℃经 24 h 后）	无结晶析出	无结晶析出	无结晶析出
8	比重［桐油的密度（20℃）/水的密度（4℃）］	0.936 0		0.939 5
9	折光指数（20℃）	1.518 5		1.522 5
10	碘价（韦氏法）	163		173
11	皂化价	190		195
12	热聚合试验（华司脱试验）	282℃、7.5 min 内凝成固体，切时不粘刀，压之即碎		

参 考 文 献

[1] NY/T 1802—2009 剑麻产品质量分级规则

[2] NY/T 1539—2007 剑麻纤维及制品商业公定重量的测定

[3] CNS 11—1972 桐油

[4] CNS 12—1981 桐油检验法

[5] CNS 7260—1981 干性油胶化时间测定法

[6] CNS 7412—1981 桐油原油

[7] CNS 7434—1981 桐油品质检验法

[8] ISO 277:2002 Binders for paints and varnishes-Raw tung oil-Requirements and methods of test

ICS 47.020.00
U 33

中华人民共和国水产行业标准

SC/T 8146—2017

渔船集鱼灯镇流器安全技术要求

Safety technical requirements of ballasts for gathering–fish lamp on fishing vessel

2017-06-12 发布

2017-10-01 实施

中华人民共和国农业部 发布

SC/T 8146—2017

前　言

本标准按照 GB/T 1.1—2009 给出的规则起草。

请注意本文件的某些内容可能涉及专利。本文件的发布机构不承担识别这些专利的责任。

本标准由农业部渔业渔政管理局提出。

本标准由全国渔船标准化技术委员会(SAC/TC 157)归口。

本标准起草单位:农业部渔业船舶检验局、捷胜海洋装备股份有限公司。

本标准主要起草人:贺波、支交平、顾其波、刘立新、王晓栋。

渔船集鱼灯镇流器安全技术要求

1 范围

本标准规定了工作电压为 1 000 V 以下、工作频率为 50 Hz 或 60 Hz 的交流电源供电的渔船集鱼灯镇流器的安全技术要求、试验方法及检验规则。

本标准适用于渔船集鱼灯所使用的镇流器,可作为镇流器设计、制造和检验的依据。

2 规范性引用文件

下列文件对于本文件的应用是必不可少的。凡是注日期的引用文件,仅注日期的版本适用于本文件。凡是不注日期的引用文件,其最新版本(包括所有的修改单)适用于本文件。

GB/T 2828.1 计数抽样检验程序 第 1 部分:按接收质量限(AQL)检索的逐批检验抽样计划

GB 7000.1—2007 灯具 第 1 部分:一般要求与试验

GB 19510.1—2009 灯的控制装置 第 1 部分:一般要求和安全要求

SC/T 7002.2 船用电子设备环境试验条件和方法 高温

SC/T 7002.3 船用电子设备环境试验条件和方法 低温

SC/T 7002.8 船用电子设备环境试验条件和方法 正弦振动

SC/T 7002.10 船用电子设备环境试验条件和方法 外壳防护

3 术语和定义

GB 19510.1—2009 界定的以及下列术语和定义适用于本文件。

3.1

渔船集鱼灯 gathering-fish lamp on fishing vessel

渔船集鱼所用的高强度气体放电灯。

3.2

渔船集鱼灯镇流器 ballasts for gathering-fish lamp on fishing vessel

为渔船集鱼用的高强度气体放电灯提供启动电压和限制电流的装置。

4 安全技术要求

4.1 接线端子

接线端子采用螺纹接线柱,应符合 GB 7000.1—2007 中第 14 章的要求。

4.2 爬电距离和电气间隙

爬电距离和电气间隙不应小于表 1 给出的相应值。宽度不足 1 mm 的槽口所相当的爬电距离不应大于槽宽。在计算总的电气间隙时,凡小于 1 mm 的间隙应忽略不计。

注:爬电距离是指沿绝缘材料的外表面测量的空间距离。

表 1 50 Hz 或 60 Hz 交流正弦电压时的最小距离

工作电压有效值，V	最小距离，mm		
	爬电距离		电气间隙
	绝缘体 PTI≥600 V	绝缘体 PTI<600 V	
50	0.6	1.2	0.2
150	1.4	1.6	1.4
250	1.7	2.5	1.7
500	3.0	5.0	3.0
750	4.0	8.0	4.0
1 000	5.5	10.0	5.5

注 1：爬电距离和电气间隙为不同极性的带电体之间、带电体和永久性固定在镇流器上的易被触及的金属部件之间的距离（后者包括固定外壳或将镇流器固定在支架上用的螺钉和装置）。

注 2：PTI 为耐漏电起痕指数。

4.3 防止意外接触带电部件的措施

4.3.1 用于防止意外触电的零部件，应有足够的机械强度，在正常工作中不应松动。

4.3.2 镇流器内部的电容器在其接线端子间应永久地跨接一个放电电阻，通过放电应使电容器在 1 min 内将施加于它的交流电压从峰值降至 50 V 以下。

4.3.3 关闭镇流器开关时应完全切断该路电源，防止更换灯泡时意外触电。

4.4 螺钉、载流部件和连接件

螺钉、载流部件及连接件的损坏会使镇流器不安全，这些部件应能承受住在正常使用中出现的机械应力。

4.5 电源变化

在额定电源电压变化±10%、频率变化±5%的任何情况下，镇流器应能正常工作。

4.6 环境适应性

4.6.1 高温

在环境温度最高为 45℃的情况下，镇流器应能正常工作。

4.6.2 低温

在环境温度最低为−10℃的情况下，镇流器应能正常工作。

4.6.3 正弦振动

在频率为 1 Hz～12.5 Hz、位移幅值为±1.6 mm 的正弦振动下，镇流器应能正常工作。

4.6.4 外壳防护

镇流器的外壳防护等级应在 IP20 及以上。

4.6.5 防腐蚀性能

对于生锈会危及镇流器安全的铁质部件应采取充分的防锈措施，应符合 GB 7000.1—2007 中 4.18 的要求。

4.6.6 防潮与绝缘

镇流器的防潮与绝缘应符合 GB 19510.1—2009 中第 11 章的要求。

4.6.7 镇流器绕组的耐热

镇流器绕组的耐热性能应符合 GB 19510.1—2009 中第 13 章的要求。

5 试验方法

5.1 接线端子的试验

接线端子的合格性应按照 GB 7000.1—2007 中第 14 章所述的方法进行试验。

5.2　爬电距离和电气间隙的试验

爬电距离和电气间隙应按照 GB 19510.1—2009 中第 16 章所述的方法进行试验,其合格性应符合表 1 的规定。

5.3　防止意外接触带电部件的措施试验

5.3.1　用于防止意外触电的零部件机械强度的合格性应按照 GB 19510.1—2009 中 10.1 所述的方法进行试验。

5.3.2　镇流器在正常工作情况下,断开电源 1 min 后,用万用表检测接线端子间的电压,其合格性应符合 4.3.2 的规定。

5.3.3　关闭镇流器,用万用表检测接线端子的输出端,其合格性应符合 4.3.3 的规定。

5.4　螺钉、载流部件和连接件的试验

螺钉、载流部件与连接件的完整性和机械性能应通过目视观察及 GB 7000.1—2007 中 4.11 和 4.12 所述的方法进行试验。

5.5　电源变化的试验

在额定电源电压变化±10%、频率变化±5%的任何情况下,镇流器应符合 4.5 的要求。

5.6　环境适应性试验

5.6.1　高温试验

高温条件下适应性试验应按照 SC/T 7002.2 中所述的方法进行。

5.6.2　低温试验

低温条件下适应性试验应按照 SC/T 7002.3 中所述的方法进行。

5.6.3　正弦振动试验

正弦振动条件下适应性的试验应按照 SC/T 7002.8 中所述的方法进行。

5.6.4　外壳防护的试验

外壳防护试验应按照 SC/T 7002.10 中所述的方法进行。

5.6.5　防腐蚀性能的试验

防腐蚀性能的试验应按照 GB 7000.1—2007 中 4.18.1 所述的方法进行。

5.6.6　防潮与绝缘的试验

防潮与绝缘试验应按照 GB 19510.1—2009 中第 11 章所述的方法进行。

5.6.7　镇流器绕组耐热试验

镇流器绕组耐热的试验应按照 GB 19510.1—2009 中第 13 章所述的方法进行。

6　检验规则

6.1　检验分类

镇流器的产品检验分为型式检验和出厂检验。

6.2　型式检验

6.2.1　检验时机

有下列情况之一时,应进行型式检验:

　　a)　新产品首次投产或定型时;

　　b)　结构、材料或工艺有重大改变足以影响设备性能时;

　　c)　停产 1 年以上又恢复生产时;

　　d)　正常生产每 3 年进行一次。

6.2.2 检验样品

型式检验的受试产品应从提交型式检验批次的产品中随机抽取,随机抽取的受试产品数量不应少于2台,或符合有关合同的规定,或者由承制方和使用方商定。

6.2.3 检验项目

型式检验项目为安全技术要求中的所有项目。

6.2.4 合格判据

按6.2.3规定的检验项目检验后,当全部符合要求时,则判定该产品的型式检验合格,否则判定为不合格。

6.2.5 重新检验

若型式检验中出现不合格项,应停止检验,生产方应对不合格项目进行分析,查明缺陷原因并采取纠正措施后,可继续进行检验。若继续检验项目合格,且所有检验项目检验后全部符合要求时,则判定该产品的型式检验合格。若继续进行检验仍有检验项目不符合规定的要求时,可根据产品质量特性及其与要求不符合的严重程度,由产品鉴定方决定继续采取纠正措施或判定型式检验为不合格。

6.3 出厂检验

6.3.1 检验方案

出厂检验在提交批量生产的产品之后进行,出厂检验为提交产品的全数检验或逐批的抽验检验。提交同一批的产品应具有相同的型号、规格、结构尺寸、生产条件和工艺及生产时间。

全数检验是提交首批批量生产的产品之后,对提交产品进行的逐台检验。

逐批的抽验检验是对提交批量生产的产品已经进行过全数检验,且全数检验合格之后,对下一批提交的批量生产产品,进行逐批的抽验检验。

在进行逐批的抽验检验时,若该批的抽验检验出现不合格品的数量达到拒收数时,则终止该批的抽验检验,且对下一批提交的批量生产产品,进行全数检验。

6.3.2 组批和抽样

6.3.2.1 组批

在产品生产过程中每26台～50台为一批。

6.3.2.2 抽样

按GB/T 2828.1的规定进行抽样,或按产品检验规则的规定进行。

6.3.3 检验项目

6.3.3.1 防止意外接触带电部件的措施。

6.3.3.2 螺钉、载流部件与连接。

6.3.3.3 绝缘。

6.3.4 合格判据

按6.3.3规定的检验项目检验后,当全部符合要求时,则判定该产品的出厂检验合格,否则判定为不合格。

6.3.5 重新检验

若检验到一台产品的一个项目不符合规定的要求时,则该台产品的出厂检验应停止,生产方应对不合格项目进行分析,查明缺陷原因并采取纠正措施后,可继续进行检验。当所有检验项目检验后且全部符合要求时,则判定该产品的出厂检验合格。同一台产品若在第三次检验时仍出现不符合要求的项目,则判定该台产品不合格。

ICS 47.020
U 00

中华人民共和国水产行业标准

SC/T 8151—2017

渔业船舶建造开工技术条件及要求

Technical conditions and requirements of starting the construction of
fishing vessel

2017-09-30 发布   2018-01-01 实施

中华人民共和国农业部 发布

前　　言

本标准按照 GB/T 1.1—2009 给出的规则起草。

本标准由农业部渔业渔政管理局提出。

本标准由全国渔船标准化技术委员会(SAC/TC 157)归口。

本标准起草单位:农业部渔业船舶检验局、浙江渔船检验局、江苏渔船检验局、山东渔船检验局、福建渔船检验局。

本标准主要起草人:刘立新、李志伟、张云钧、彭晓华、蔡冠华、姜朋乐、吴泽军。

渔业船舶建造开工技术条件及要求

1 范围

本标准规定了在中华人民共和国境内从事渔业船舶生产（包括建造、改装）企业的开工技术条件及要求。

本标准适用于各类各级从事钢质、纤维增强塑料和木质渔业船舶生产的企业。从事其他材质的渔业船舶生产企业可参照执行。

2 规范性引用文件

下列文件对于本文件的应用是必不可少的。凡是注日期的引用文件，仅注日期的版本适用于本文件。凡是不注日期的引用文件，其最新版本（包括所有的修改单）适用于本文件。

GB/T 19001 质量管理体系 基础和术语

3 渔业船舶生产企业分类与分级

3.1 渔业船舶生产企业分类

根据渔业船舶主船体材料分为钢质渔业船舶生产企业、纤维增强塑料渔业船舶生产企业、木质渔业船舶生产企业三类。

3.2 渔业船舶生产企业分级

3.2.1 钢质渔业船舶生产企业分级

钢质渔业船舶生产企业分为五级：

a) 一级企业：允许建造各尺度钢质渔业船舶的企业；

b) 二级企业：允许建造船长 60 m 及以下钢质渔业船舶的企业；

c) 三级企业：允许建造船长 45 m 及以下钢质渔业船舶的企业；

d) 四级企业：允许建造船长 24 m 及以下钢质渔业船舶的企业；

e) 五级企业：允许建造船长 12 m 及以下钢质渔业船舶的企业。

3.2.2 纤维增强塑料渔业船舶生产企业分级

纤维增强塑料渔业船舶生产企业分为三级：

a) 一级企业：允许建造各尺度纤维增强塑料渔业船舶的企业；

b) 二级企业：允许建造船长 24 m 及以下纤维增强塑料渔业船舶的企业；

c) 三级企业：允许建造船长 12 m 及以下纤维增强塑料渔业船舶的企业。

3.2.3 木质渔业船舶生产企业分级

木质渔业船舶生产企业分为二级：

a) 一级企业：允许建造各尺度木质渔业船舶的企业；

b) 二级企业：允许建造船长 12 m 及以下木质渔业船舶的企业。

4 基本条件

4.1 营业执照

各类各级渔业船舶生产企业应取得工商行政管理部门核发的有效企业营业执照。

4.2 生产用地

各类各级渔业船舶生产企业的生产用地面积应不小于表1～表3的要求。企业应提供生产用地权属(所有权或使用权)证明。

表1 钢质渔业船舶生产企业用地面积

单位为万平方米

级别	一级	二级	三级	四级	五级
占地面积	3.0	1.5	1.0	0.5	0.1

表2 纤维增强塑料渔业船舶生产企业用地面积

单位为万平方米

级别	一级	二级	三级
占地面积	1.0	0.5	0.25

表3 木质渔业船舶生产企业用地面积

单位为万平方米

级别	一级	二级
占地面积	0.4	0.1

5 管理要求

5.1 质量管理机构与人员

5.1.1 一级、二级钢质渔业船舶生产企业和一级纤维增强塑料渔业船舶生产企业应建立适合本企业质量管理体系要求的质量管理机构,配备足够数量的、满足质量管理要求的质量检验人员;并建立与船舶生产相适应的、符合GB/T 19001规定的质量体系,取得经国家认可的认证机构颁发的质量体系认证证书,认证证书在有效期内。

5.1.2 三级钢质渔业船舶生产企业、二级纤维增强塑料渔业船舶生产企业应建立适合本企业质量管理体系要求的质量管理机构,配备足够数量的、满足质量管理要求的质量检验人员。

5.1.3 四级钢质渔业船舶生产企业、三级纤维增强塑料渔业船舶生产企业、一级木质生产企业应配备具备质量管理能力的专职质量管理人员,明确工作职责。

5.1.4 五级钢质渔业船舶生产企业、二级木质渔业船舶生产企业应配备具备质量管理能力的专职或兼职质量管理人员。

5.2 采购质量控制管理

企业应建立原材料、设备、外购件的采购质量管理制度,并应符合下列要求:

a) 制定和保存与质量管理制度配套的各种记录和表格;

b) 制定供方评价准则,并按评价准则评价供方,编制合格的供方名录;

c) 制定原材料、设备、外购件的进厂检验制度;

d) 原始质量凭证及入厂检验资料应全部归档保存。

5.3 库房及原材料管理

各类各级渔业船舶生产企业应制定库房及原材料管理制度,并应符合下列要求:

a) 详细规定入库验收、保管、存放条件、标示、防护、发放等质量保证措施,并制定和保存与库房管理制度配套的各种台账记录;

b) 应保存原材料、设备、外购件进厂验收、保存、发放等管理记录;

c) 库房内应保持清洁干燥、物资摆放整齐、分类存放、标示明显,账、卡、物一致。

5.4 质量检验管理

各类各级渔业船舶生产企业应制定质量检验管理制度,并应符合下列要求:

a) 具备与船舶生产相适应的相关国际公约、规则、规范、标准及有关技术文件;

b) 应制定质量检验管理文件、检验规程及检验指导文件;

c) 应建立自检、互检与专职检验相结合的检验制度;

d) 生产过程中的全部检验技术资料应归档保存。

5.5 外包管理

5.5.1 企业应制定外包项目管理制度,对外包工程项目的质量负责,并与选定的外包单位签订质量控制协议及安全生产协议。

5.5.2 企业应取得并保存外包单位足以证明其具备相应能力和条件的书面材料或电子稿资料。

6 人员要求

6.1 企业技术、质量负责人

6.1.1 一级、二级钢质渔业船舶生产企业和一级纤维增强塑料渔业船舶生产企业应单独配备专职技术负责人和质量负责人,且具备船舶相关专业高级工程师及以上技术职称。质量检验部门负责人应具有船舶相关专业工程师及以上技术职称。

6.1.2 三级、四级钢质渔业船舶生产企业,二级、三级纤维增强塑料渔业船舶生产企业,一级木质生产企业应配备技术负责人和质量负责人(可以兼职),且具备船舶相关专业助理工程师及以上技术职称。质量检查部门负责人应具有助理工程师及以上技术职称。

6.1.3 五级钢质渔业船舶生产企业、二级木质渔业船舶生产企业根据需要配备相关技术和质量负责人。

6.2 专业技术人员及检验人员

各类各级渔业船舶生产企业在建造渔业船舶期间,应配有适任的、能覆盖船体、船机、船电等专业的技术人员和检验人员。最低应配备的专业技术人员和检验人员应符合表4~表6的规定(经当地省级船舶行业协会认定的技术人员可视同于助理工程师)。

表4 钢质渔业船舶生产企业最低应配备的专业技术人员和检验人员

级别或类别	人员配备
一级	1. 船体、船机、船电专业的高级工程师6名,工程师10名(其中制冷工程师1名) 2. 具有上岗资格的船体、船机、船电专业的专职检验人员8名 3. 具有持Ⅱ级(或以上)资格证书的专职无损检测人员
二级	1. 船体、船机、船电专业的高级工程师1名,工程师3名(其中制冷工程师1名,可外协) 2. 具有上岗资格的船体、船机、船电专业的专职检验人员按单艘渔业船舶2名配备
三级	1. 船体、船机、船电专业的工程师1名,助理工程师2名 2. 具有上岗资格的船体、船机、船电专业的专职检验人员按单艘渔业船舶2名配备
四级	1. 船体、船机、船电专业助理工程师2名 2. 具有上岗资格的船体、船机、船电专业的专职检验人员按单艘渔业船舶1名配备
五级	船舶专业技术员1名,检验人员1名

表5 纤维增强塑料渔业船舶生产企业最低应配备的专业技术人员和检验人员

级别或类别	人员配备
一级	1. 船体、船机、船电专业的高级工程师3名,工程师5名 2. 具有上岗资格的船体、船机、船电专业的专职检验人员4名
二级	1. 船体、船机、船电专业的工程师2名,助理工程师2名 2. 具有上岗资格的船体、船机、船电专业的专职检验人员3名
三级	1. 船体、船机专业的工程师1名 2. 具有上岗资格的船体、船机、船电专业的专职检验人员2名

表 6 木质渔业船舶生产企业最低应配备的专业技术人员和检验人员

级别或类别	人员配备
一级	1. 船舶专业的助理工程师 1 名 2. 具有上岗资格的船体、船机、船电专业的专职检验人员按单艘渔船 1 名配备
二级	船舶专业技术员 1 名,检验人员 1 名

6.3 技术工人

企业在建造渔业船舶期间,应具有与生产渔业船舶相适应的技术工人,船舶焊工均应持有(渔业)船舶检验部门颁发的焊工证书(或认可的职业资格证书)持证上岗。各类各级企业应具备不少于表 7～表 9 规定数量和工种的技术工人。

表 7 钢质渔业船舶生产企业最低应具备的持证焊工人数

单位为人

级别	一级	二级	三级	四级	五级
Ⅲ类焊工	16	8	4	2	0
Ⅱ类焊工	32	16	8	4	1

表 8 纤维增强塑料渔业船舶生产企业最低应具备的技术工人数

单位为人

级别	一级	二级	三级
糊制工	16	10	6
木模工	3	2	1
焊工	2	1	1

表 9 木质渔业船舶生产企业最低应具备的技术工人数

单位为人

级别	一级	二级
带班木工	2	1
带班捻工	2	1
船体或机电专业技工	2	1

7 计量检测要求

7.1 通用要求

各类各级渔业船舶生产企业应配备与其生产规模相适应的计量器具及检测设备,并能提供有效的周期检定证书或处于完好技术状态的资料。

7.2 计量器具

7.2.1 钢质渔业船舶生产企业应具备下列种类的计量器具,数量可根据企业的生产能力和需求,自行确定:

    a) 焊角规、卷尺、直尺、角尺、塞尺;

    b) 压力表;

    c) 水平尺、水准仪;

    d) 游标卡尺、深度尺、千分尺、百分表;

    e) 万用表、兆欧表;

    f)   秒表、转速表、点温计、测温表。

7.2.2 纤维增强塑料渔业船舶生产企业应具备下列种类计量器具,数量可根据企业的生产能力和需求,自行确定:

    a)   卷尺、直尺、角尺;

    b)   水平尺、水准仪;

    c)   千分尺、游标卡尺、百分表;

    d)   压力表、磅秤、天平;

    e)   量杯;

    f)   温度计、湿度计;

    g)   万用表、兆欧表。

7.2.3 木质渔业船舶生产企业应具备下列计量器具[对下述 d)、e)项二级企业可免配],数量可根据企业的生产能力和需求,自行确定:

    a)   卷尺、直尺、角尺;

    b)   磅秤;

    c)   水平尺;

    d)   千分尺、游标卡尺、量规、百分表、压力表、天平;

    e)   万用表、兆欧表。

7.3 检测设备

7.3.1 钢质渔业船舶生产企业应具备满足生产需求的下列种类的检测设备,数量可根据企业的生产能力自行确定:

    a)   倾斜试验用设备、密性试验用设备、发电机负荷试验装置、管系泵压设备、可燃气体测爆设备(五级企业只要求倾斜试验用设备,密性试验用设备);

    b)   无损检测设备、理化实验设备(二级及以下企业可外协);

    c)   激光准直仪、全站仪、经纬仪(三级及以下企业不做要求)。

7.3.2 纤维增强塑料渔业船舶生产企业应具备满足生产需求的下列检测设备,数量可根据企业的生产能力确定:

    a)   巴氏硬度仪;

    b)   水分仪;

    c)   测厚仪;

    d)   电子吊式计重表;

    e)   倾斜试验用设备。

7.3.3 木质渔业船舶生产企业应具备满足生产需求的下列种类检测设备,数量可根据企业的生产能力自行确定:

    a)   倾斜试验用设备;

    b)   密性试验用设备。

8 钢质渔业船舶生产企业生产设施要求

8.1 生产场所

8.1.1 通用要求

    各级钢质渔业船舶生产企业应具备满足船舶生产需要的生产场所,生产场所应具有良好的交通环境及供电、供水、供气能力。

8.1.2 各级钢质渔业船舶生产企业的生产场所应符合的要求

8.1.2.1 一级钢质渔业船舶生产企业的生产场所应符合下列要求：

    a) 应有与所生产船舶相适应的独立的船体、船机、船电生产车间；

    b) 应有独立的满足原材料储存要求的仓库或场地；

    c) 应有独立的配套设备储存仓库；

    d) 应有独立的办公场所。

8.1.2.2 二级钢质渔业船舶生产企业的生产场所应符合下列要求：

    a) 应有独立的船体生产车间,独立的船机、船电生产车间或区域；

    b) 应有满足原材料储存要求的仓库或场地；

    c) 应有配套设备储存仓库；

    d) 应有独立的办公场所。

8.1.2.3 三级钢质渔业船舶生产企业的生产场所应符合下列要求：

    a) 应有独立的船体、船机、船电生产区域；

    b) 应有满足原材料储存要求的仓库或场地；

    c) 应有配套设备储存仓库；

    d) 应有相对独立的办公场所。

8.1.2.4 四级、五级钢质渔业船舶生产企业的生产场所应符合下列要求：

    a) 应有独立的船体生产区域,满足生产需要的机电生产区域；

    b) 应有满足原材料储存要求的仓库或场地；

    c) 应有配套设备储存仓库；

    d) 应有相应的办公场所。

8.2 船台(或船坞)与起重设施

8.2.1 船台

    a) 各级钢质渔业船舶生产企业应建有固定船台(或船坞),其陆地耐压部分的长度、宽度、耐压强度应与所修造船舶的长度和重量相适应,并具有由船台(或船坞)设计、建设单位提供的相关证明材料；

    b) 船台(或船坞)应有预制的钢筋混凝土地垄(二级、三级企业可使用混凝土平台基础,四级、五级企业可使用经平整硬化处理的简易船台)；

    c) 企业应设有与船台相配套的滑道式、轨道式或坞内下水设施(允许采用气囊下水)；

    d) 船台(船坞)应具备良好的交通、供水、供电和供气能力；

    e) 应使用钢质或钢筋混凝土整体式船台(坞)墩,不允许使用散件船台(坞)墩。

8.2.2 起重设施

    各级钢质渔业船舶生产企业应配有与船台(或船坞)相配套的塔式、门式或流动式起重设施。起重设施的配备应满足表 10 要求。

表 10　钢质渔业船舶建造企业的起重设施

分级	单台最大起重设施的起吊能力,t	起重设施种类	是否允许租借
一级	100	门式、门座式、塔式等	否
二级	40	门式、门座式、塔式等,允许流动式	否
三级	20	门式、门座式、塔式等,允许流动式	是
四级	5	门式、门座式、塔式等,允许流动式	是
五级	—	不要求	—

8.3 舾装码头

8.3.1 一级钢质渔业船舶生产企业应具备本企业所属的、满足舾装要求的舾装码头。其他各级企业一般应具备满足舾装要求的舾装区域,允许租用舾装码头。

8.3.2 舾装码头或舾装区域应符合下列要求:

    a) 应具备良好的交通、供水、供电和供气能力;

    b) 长度、宽度及停泊能力应能满足所修造船舶的需求;

    c) 应配有相应的起重设施;

    d) 应处于安全适用的技术状态。

8.4 放样设施

8.4.1 一级、二级钢质渔业船舶生产企业应采用计算机放样,具有计算机放样的相应设备和设施。

8.4.2 三级、四级、五级钢质渔业船舶生产企业可采用计算机放样或具备自行手工放样设施,允许外包放样。

8.4.3 放样设施及放样能力应具备下列要求(五级企业可使用简易放样台):

    a) 放样间应在室内,其面积和放样设备应能满足所生产渔业船舶的放样要求;

    b) 放样所采用的样板应由不易变形的材料制成;

    c) 若采用计算机放样,应设有专供肋骨线1:1放样平台,该平台应由木板或钢板制成,表面应平整、光滑。

8.5 建造方法

8.5.1 一级钢质渔业船舶生产企业应采用分段建造法、总段建造法或更为先进的造船方式进行船舶生产。

8.5.2 二级钢质渔业船舶生产企业鼓励采用分段建造法,允许采用整体建造法。

8.5.3 其他各级生产企业允许采用整体建造法建造,但应制定有效消除船体应力集中的施工工艺。

9 纤维增强塑料渔业船舶生产企业生产设施

9.1 总装车间

各级纤维增强塑料渔业船舶生产企业总装车间应能满足下列要求:

    a) 能够防止阳光、雨水和风沙对产品构成有害的侵袭;

    b) 地面应由混凝土铺设而成;

    c) 总装车间厂房面积要求见表11。

表 11 纤维增强塑料渔业船舶生产企业总装车间面积最低要求

单位为平方米

级别	一级	二级	三级
面积	2 000	1 000	300

9.2 成型车间

各级纤维增强塑料渔业船舶生产企业应具备成型车间,成型车间应符合下列要求:

    a) 应能够防止阳光、雨水和风沙对产品构成有害的侵袭,具备良好的通风和照明;

    b) 地面应由混凝土铺设而成;

    c) 应配备与所生产船舶相适应的起重设施;

    d) 应具有温度及湿度的调控设备或措施,以及温度、湿度测量仪表;

    e) 成型车间面积要求见表12。

表 12　纤维增强塑料渔业船舶生产企业成型车间面积最低要求

单位为平方米

级别	一级	二级	三级
面积	800	400	100

9.3　储存仓库

纤维增强塑料渔业船舶生产企业应具备储存树脂、辅料及纤维的仓库。仓库应符合下列要求：

a)　储存树脂及辅料的仓库应避免阳光直射，仓库内应阴凉、通风、保持干燥；

b)　储存纤维的仓库应通风、干燥、无灰尘污染；

c)　引发剂和促进剂应分别储存；

d)　各类仓库均应配备符合消防部门要求的、足够数量的消防器材。

9.4　放样设施

各级纤维增强塑料渔业船舶生产企业鼓励采用计算机放样（可外协），允许采用手工放样的，手工放样的放样间应在室内，其面积和放样设备应能满足按 1∶1 比例展开所生产最大船舶的船长，采用计算机放样应设有专供肋骨线型比例 1∶1 的放样平台。

10　木质渔业船舶生产企业生产设施

10.1　生产场所

各级木质渔业船舶生产企业应具备能满足生产要求的独立船体生产区域。

10.2　船台

木质渔业船舶生产企业应具备固定船台。固定船台应符合下列要求：

a)　应有固定地点，地势平缓顺畅、无突变；

b)　地质应坚硬，能保证船体在建造过程中不变形；

c)　船台长度应不小于所建造船舶的船长；

d)　应配备符合消防部门要求的、足够数量的消防器材。

10.3　储存仓库

各级木质渔业船舶生产企业的储存仓库应符合下列要求：

a)　企业应具备半成品仓库和材料堆放场所，半成品仓库和材料堆放场所应能保证半成品和船钉等不受日晒雨淋；

b)　企业应设置储存机电设备半成品及成品的仓库。半成品及成品仓库应使加工后的机电原材料、半成品及成品等能在遮蔽地点存放，防止受潮、生锈；

c)　储存仓库和材料堆放场所应配备符合消防部门要求的消防器材。

10.4　放样设施

一级木质渔业船舶生产企业可采用计算机放样或手工放样（可外协）。如采用手工放样，放样间应在室内，其面积和放样设备应能满足按 1∶1 比例展开所建造最大船舶的船长（二级木质渔业船舶生产企业可使用室外简易放样台）。

10.5　起重设施

各级木质渔业船舶和生产企业应具备与其生产能力相适应的起重设施（可外协）。

10.6　下水方式

木质渔业船舶生产企业应具备移船下水设施，所采用的下水设施处于适用的技术状态。

11　生产设备

11.1　通用要求

各类各级渔业船舶生产企业应具备下列种类的船体加工设备和机械加工设备,数量和规格可根据企业的生产需要自定。

11.2 钢质渔业船舶生产企业生产设备

11.2.1 船体加工设备

各级钢质渔业船舶生产企业的船体加工设备应符合下列要求:

a) 一级钢质渔业船舶生产企业应具有:折边机、刨边机、剪板机、弯板机、弯管机、数控切割设备、肋骨冷弯设备;

b) 二级钢质渔业船舶生产企业应具有:折边机、刨边机、剪板机、弯板机、弯管机、数控切割设备、肋骨冷弯设备;

c) 三级、四级钢质渔业船舶生产企业应具有:折边机、刨边机、剪板机、压力机、弯管机;

d) 五级钢质渔业船舶生产企业应具有简易钢板及型材成型设备。

11.2.2 焊接、切割设备

各级钢质渔业船舶生产企业的焊接切割设备应符合下列要求:

a) 一级、二级钢质渔业船舶生产企业应具有自动焊机(或半自动焊机)数控焊接设备、普通交直流焊机、焊接用变压器、切割设备、烘箱;

b) 三级、四级钢质渔业船舶生产企业应具有普通交直流焊机、焊接用变压器、切割设备、烘箱;

c) 五级钢质渔业船舶加工企业应具有普通交直流焊机、气割设备、烘箱。

11.2.3 机械加工设备

各级渔业船舶生产企业应具备下列种类的机械加工设备(四级及以下企业可外协),数量和规格可根据企业的生产需要自定:

a) 一级钢质渔业船舶生产企业应具有铣床、磨床、车床、刨床、钻床;

b) 二级、三级钢质渔业船舶生产企业应具有车床、刨床、钻床。

11.2.4 涂装设备

各级钢质渔业船舶生产企业应具备下列种类的涂装设备,数量和规格可根据企业的生产需要自定:

a) 一级钢质渔业船舶生产企业应配备涂装车间、钢板喷砂机、型材喷砂机、除锈打磨机、压力喷涂机;

b) 二级、三级、四级钢质渔业船舶建造企业应配备钢板喷砂机、型材喷砂机、除锈打磨机、压力喷涂机;

c) 五级钢质渔业船舶建造企业应配备除锈打磨机。

11.3 纤维增强塑料渔业船舶生产企业生产设备

11.3.1 船体加工设备

各级纤维增强塑料渔业船舶生产企业应具备下列船体加工设备:

a) 烘干设备;

b) 短切喷涂机(需要时);

c) 电焊、气焊设备;

d) 纤维增强塑料切割机。

11.3.2 机械加工设备(三级企业可外协)

各级纤维增强塑料渔业船舶生产企业应具备下列机械加工设备(三级企业可外协):

a) 车床;

b) 刨床;

c) 钻床。

11.3.3 涂装设备

各级纤维增强塑料渔业船舶生产企业应具备下列涂装设备：
a) 喷涂用空压机；
b) 胶衣喷涂机；
c) 喷枪。

11.4 木质渔业船舶生产企业生产设备

各级木质渔业船舶生产企业应配备下列船体加工设备：
a) 木材加工设备；
b) 油灰加工设备。

ICS 65.150
B 51

中华人民共和国农业行业标准

SC/T 9111—2017

海洋牧场分类

Classification of marine ranching

2017-06-22 发布

2017-09-01 实施

中华人民共和国农业部 发布

前　言

本标准按照 GB/T 1.1—2009 给出的规则起草。

请注意本文件的某些内容可能涉及专利。本文件的发布机构不承担识别这些专利的责任。

本标准由农业部渔业渔政管理局提出。

本标准由全国水产标准化技术委员会渔业资源分技术委员会(SAC/TC 156/SC 10)归口。

本标准起草单位:中国水产科学研究院南海水产研究所、中国水产科学研究院黄海水产研究所、中国水产科学研究院东海水产研究所、中国水产科学研究院资源与环境研究中心、大连海洋大学、上海海洋大学、中国海洋大学、山东省水生生物资源养护管理中心、全国水产技术推广总站。

本标准主要起草人:陈丕茂、舒黎明、李纯厚、贾晓平、肖雅元、袁华荣、房金岑、关长涛、李圣法、杨文波、陈勇、章守宇、张秀梅、王云中、罗刚。

海洋牧场分类

1 范围

本标准规定了海洋牧场的术语和定义、分类、类型界定。

本标准适用于海洋牧场的规划、建设、利用、管理、监测和评价。

2 规范性引用文件

下列文件对于本文件的应用是必不可少的。凡是注日期的引用文件,仅注日期的版本适用于本文件。凡是不注日期的引用文件,其最新版本(包括所有的修改单)适用于本文件。

GB/T 20001.3 标准编写规则 第3部分:分类标准

3 术语和定义

GB/T 15918、GB/T 18190、SC/T 9401界定的以及下列术语和定义适用于本文件。为了便于使用,以下重复列出了其中的某些术语。

3.1

海洋牧场 marine ranching

基于海洋生态系统原理,在特定海域,通过人工鱼礁、增殖放流等措施,构建或修复海洋生物繁殖、生长、索饵或避敌所需的场所,增殖养护渔业资源,改善海域生态环境,实现渔业资源可持续利用的渔业模式。

3.2

增殖放流 the stock enhancement

采用放流、底播、移植等人工方式,向海洋、江河、湖泊、水库等公共水域投放亲体、苗种等活体水生生物的活动。

[SC/T 9401—2010,定义3.3]

3.3

海域 sea areas

一定界限内的海洋区域。

注1:包括区域内的水面、水体、海床和底土。

注2:改写 GB/T 15918—2010,定义2.2.5。

3.4

河口 river mouth,estuary

河流终端与受水体相结合的地段。根据动力条件的不同,将河口分为河流近口段、河流河口段和口外海滨段。

[GB/T 18190—2000,定义2.5.1]

3.5

海湾 bay,gulf

被陆地环绕且面积不小于以口门宽度为直径的半圆面积的海域。

[GB/T 18190—2000,定义2.1.19]

3.6

海岛 sea island

散布于海洋中面积不小于 500 m² 的小块陆地,又称屿或岛屿。

[GB/T 18190—2000,定义 2.1.11]

3.7

礁　reef

海洋中隐现水面、面积小于 500 m² 的岩石。高潮时露出水面者称明礁;高潮时不露出海面,低潮时露出海面者称干出礁;从未露出海面者称暗礁。

[GB/T 18190—2000,定义 2.1.13]

3.8

珊瑚礁　coral reef

在热带海洋的浅水区,由造礁珊瑚骨架和生物碎屑组成的具有抗风浪性能的海底隆起。

注:有岸礁、堡礁和环礁三种类型。

[GB/T 15918—2010,定义 2.6.6]

3.9

近海　offshore

200 m 等深线向岸一侧的大陆架海域。

3.10

海珍品　rare seafood

产量较少、品位独特、营养价值或经济价值较高的海洋生物。

注1:主要包括海参、海胆、鲍等。

注2:改写 SC/T 3012—2002,定义 3.4。

3.11

休闲垂钓　recreational fishing

以休憩、娱乐为主要目的的垂钓活动。

3.12

渔业观光　fishery tour

以渔港或渔村风情观赏、渔业体验、渔业文化感受等渔业内容为载体的休闲活动。

4 分类

4.1 原则

海洋牧场的分类应符合 GB/T 20001.3 的要求,并遵循以下原则:

　　a) 功能分异原则:按照海洋牧场的不同功能进行分类;

　　b) 区域分异原则:按照海洋牧场所处区域生态系统的不同进行分类;

　　c) 物种分异原则:按照海洋牧场主要增殖放流物种的不同进行分类;

　　d) 利用分异原则:按照海洋牧场利用方式的不同进行分类;

　　e) 简明实用原则:采用最简明、准确、直观的方式进行分类,以达到科学性与实用性相结合,且适合中国海洋牧场类型的实际情况。

4.2 方法

综合考虑海洋牧场的主要功能和目的、所在海域、主要增殖对象和主要开发利用方式,将海洋牧场划分为 2 级:

　　1 级:按功能分异原则分类,分为养护型海洋牧场、增殖型海洋牧场和休闲型海洋牧场 3 类;

　　2 级:养护型海洋牧场按区域分异原则分为 4 类;增殖型海洋牧场按物种分异原则分为 6 类;休闲型海洋牧场按利用分异原则分为 2 类。

4.3 类型

海洋牧场类型见表1。

表1 海洋牧场类型表

1级	2级
养护型海洋牧场	河口养护型海洋牧场
	海湾养护型海洋牧场
	岛礁养护型海洋牧场
	近海养护型海洋牧场
增殖型海洋牧场	鱼类增殖型海洋牧场
	甲壳类增殖型海洋牧场
	贝类增殖型海洋牧场
	海藻增殖型海洋牧场
	海珍品增殖型海洋牧场
	其他物种增殖型海洋牧场
休闲型海洋牧场	休闲垂钓型海洋牧场
	渔业观光型海洋牧场

5 类型界定

5.1 养护型海洋牧场

以保护和修复生态环境、养护渔业资源或珍稀濒危物种为主要目的的海洋牧场。

5.1.1 河口养护型海洋牧场

建设于河口海域的养护型海洋牧场。

5.1.2 海湾养护型海洋牧场

建设于海湾的养护型海洋牧场。

5.1.3 岛礁养护型海洋牧场

建设于海岛、礁周边或珊瑚礁内外海域,距离海岛、礁或珊瑚礁6 km以内的养护型海洋牧场。

5.1.4 近海养护型海洋牧场

建设于近海但不包括河口型、海湾型、岛礁型的养护型海洋牧场。

5.2 增殖型海洋牧场

以增殖渔业资源和产出渔获物为主要目的的海洋牧场。

5.2.1 鱼类增殖型海洋牧场

以鱼类为主要增殖对象的增殖型海洋牧场。

5.2.2 甲壳类增殖型海洋牧场

以甲壳类为主要增殖对象的增殖型海洋牧场。

5.2.3 贝类增殖型海洋牧场

以贝类为主要增殖对象的增殖型海洋牧场。

5.2.4 海藻增殖型海洋牧场

以海藻为主要增殖对象的增殖型海洋牧场。

5.2.5 海珍品增殖型海洋牧场

以海珍品为主要增殖对象的增殖型海洋牧场。

5.2.6 其他物种增殖型海洋牧场

以除鱼类、甲壳类、贝类、海藻、海珍品以外的海洋生物为主要增殖对象的增殖型海洋牧场。

5.3 休闲型海洋牧场

以休闲垂钓和渔业观光等为主要目的的海洋牧场。

5.3.1 休闲垂钓型海洋牧场

以休闲垂钓为主要目的的海洋牧场。

5.3.2 渔业观光型海洋牧场

以渔业观光为主要目的的海洋牧场。

附录

中华人民共和国农业部公告
第 2540 号

一、《禽结核病诊断技术》等87项标准业经专家审定通过,现批准发布为中华人民共和国农业行业标准,自2017年10月1日起实施。

二、马氏珠母贝(SC/T 2071—2014)标准"1 范围"部分第一句修改为"本标准给出了马氏珠母贝[又称合浦珠母贝,Pinctata fucata martensii(Dunker,1872)]主要形态构造特征、生长与繁殖、细胞遗传学特征、检测方法和判定规则。";"3.1学名"部分修改为"马氏珠母贝[又称合浦珠母贝,Pinctata fucata martensii(Dunker,1872)]。"

三、《无公害农产品 生产质量安全控制技术规范第13部分:养殖水产品》(NY/T 2798.13—2015)第3.1.1b)款中的"一类"修改为"二类以上"。

特此公告。

附件:《禽结核病诊断技术》等87项农业行业标准目录

农业部
2017 年 6 月 12 日

附件：

《禽结核病诊断技术》等 87 项农业行业标准目录

序号	标准号	标准名称	代替标准号
1	NY/T 3072—2017	禽结核病诊断技术	
2	NY/T 551—2017	鸡产蛋下降综合征诊断技术	NY/T 551—2002
3	NY/T 536—2017	鸡伤寒和鸡白痢诊断技术	NY/T 536—2002
4	NY/T 3073—2017	家畜魏氏梭菌病诊断技术	
5	NY/T 1186—2017	猪支原体肺炎诊断技术	NY/T 1186—2006
6	NY/T 539—2017	副结核病诊断技术	NY/T 539—2002
7	NY/T 567—2017	兔出血性败血症诊断技术	NY/T 567—2002
8	NY/T 3074—2017	牛流行热诊断技术	
9	NY/T 1471—2017	牛毛滴虫病诊断技术	NY/T 1471—2007
10	NY/T 3075—2017	畜禽养殖场消毒技术	
11	NY/T 3076—2017	外来入侵植物监测技术规程　大藻	
12	NY/T 3077—2017	少花蒺藜草综合防治技术规范	
13	NY/T 3078—2017	隐性核雄性不育两系杂交棉制种技术规程	
14	NY/T 3079—2017	质核互作雄性不育三系杂交棉制种技术规程	
15	NY/T 3080—2017	大白菜抗黑腐病鉴定技术规程	
16	NY/T 3081—2017	番茄抗番茄黄化曲叶病毒鉴定技术规程	
17	NY/T 3082—2017	水果、蔬菜及其制品中叶绿素含量的测定　分光光度法	
18	NY/T 3083—2017	农用微生物浓缩制剂	
19	NY/T 3084—2017	西北内陆棉区机采棉生产技术规程	
20	NY/T 3085—2017	化学农药　意大利蜜蜂幼虫毒性试验准则	
21	NY/T 3086—2017	长江流域薯区甘薯生产技术规程	
22	NY/T 3087—2017	化学农药　家蚕慢性毒性试验准则	
23	NY/T 3088—2017	化学农药　天敌（瓢虫）急性接触毒性试验准则	
24	NY/T 3089—2017	化学农药　青鳉一代繁殖延长试验准则	
25	NY/T 3090—2017	化学农药　浮萍生长抑制试验准则	
26	NY/T 3091—2017	化学农药　蚯蚓繁殖试验准则	
27	NY/T 3092—2017	化学农药　蜜蜂影响半田间试验准则	
28	NY/T 1464.63—2017	农药田间药效试验准则　第 63 部分：杀虫剂防治枸杞刺皮瘿螨	
29	NY/T 1464.64—2017	农药田间药效试验准则　第 64 部分：杀菌剂防治五加科植物黑斑病	
30	NY/T 1464.65—2017	农药田间药效试验准则　第 65 部分：杀菌剂防治茭白锈病	
31	NY/T 1464.66—2017	农药田间药效试验准则　第 66 部分：除草剂防治谷子田杂草	
32	NY/T 1464.67—2017	农药田间药效试验准则　第 67 部分：植物生长调节剂保鲜水果	
33	NY/T 1859.9—2017	农药抗性风险评估　第 9 部分：蚜虫对新烟碱类杀虫剂抗性风险评估	
34	NY/T 1859.10—2017	农药抗性风险评估　第 10 部分：专性寄生病原真菌对杀菌剂抗性风险评估	
35	NY/T 1859.11—2017	农药抗性风险评估　第 11 部分：植物病原细菌对杀菌剂抗性风险评估	

（续）

序号	标准号	标准名称	代替标准号
36	NY/T 1859.12—2017	农药抗性风险评估　第12部分:小麦田杂草对除草剂抗性风险评估	
37	NY/T 3093.1—2017	昆虫化学信息物质产品田间药效试验准则　第1部分:昆虫性信息素诱杀农业害虫	
38	NY/T 3093.2—2017	昆虫化学信息物质产品田间药效试验准则　第2部分:昆虫性迷向素防治农业害虫	
39	NY/T 3093.3—2017	昆虫化学信息物质产品田间药效试验准则　第3部分:昆虫性迷向素防治梨小食心虫	
40	NY/T 3094—2017	植物源性农产品中农药残留储藏稳定性试验准则	
41	NY/T 3095—2017	加工农产品中农药残留试验准则	
42	NY/T 3096—2017	农作物中农药代谢试验准则	
43	NY/T 3097—2017	北方水稻集中育秧设施建设标准	
44	NY/T 844—2017	绿色食品　温带水果	NY/T 844—2010
45	NY/T 1323—2017	绿色食品　固体饮料	NY/T 1323—2007
46	NY/T 420—2017	绿色食品　花生及制品	NY/T 420—2009
47	NY/T 751—2017	绿色食品　食用植物油	NY/T 751—2011
48	NY/T 1509—2017	绿色食品　芝麻及其制品	NY/T 1509—2007
49	NY/T 431—2017	绿色食品　果(蔬)酱	NY/T 431—2009
50	NY/T 1508—2017	绿色食品　果酒	NY/T 1508—2007
51	NY/T 1885—2017	绿色食品　米酒	NY/T 1885—2010
52	NY/T 897—2017	绿色食品　黄酒	NY/T 897—2004
53	NY/T 1329—2017	绿色食品　海水贝	NY/T 1329—2007
54	NY/T 1889—2017	绿色食品　烘炒食品	NY/T 1889—2010
55	NY/T 1513—2017	绿色食品　畜禽可食用副产品	NY/T 1513—2007
56	NY/T 1042—2017	绿色食品　坚果	NY/T 1042—2014
57	NY/T 5341—2017	无公害农产品　认定认证现场检查规范	NY/T 5341—2006
58	NY/T 5339—2017	无公害农产品　畜禽防疫准则	NY/T 5339—2006
59	NY/T 3098—2017	加工用桃	
60	NY/T 3099—2017	桂圆加工技术规范	
61	NY/T 3100—2017	马铃薯主食产品　分类和术语	
62	NY/T 83—2017	米质测定方法	NY/T 83—1988
63	NY/T 3101—2017	肉制品中红曲色素的测定　高效液相色谱法	
64	NY/T 3102—2017	枇杷储藏技术规范	
65	NY/T 3103—2017	加工用葡萄	
66	NY/T 3104—2017	仁果类水果(苹果和梨)采后预冷技术规范	
67	SC/T 2070—2017	大泷六线鱼	
68	SC/T 2074—2017	刺参繁育与养殖技术规范	
69	SC/T 2075—2017	中国对虾繁育技术规范	
70	SC/T 2076—2017	钝吻黄盖鲽　亲鱼和苗种	
71	SC/T 2077—2017	漠斑牙鲆	
72	SC/T 3112—2017	冻梭子蟹	SC/T 3112—1996

（续）

序号	标准号	标准名称	代替标准号
73	SC/T 3208—2017	鱿鱼干、墨鱼干	SC/T 3208—2001
74	SC/T 5021 –2017	聚乙烯网片　经编型	SC/T 5021—2002
75	SC/T 5022—2017	超高分子量聚乙烯网片　经编型	
76	SC/T 4066—2017	渔用聚酰胺经编网片通用技术要求	
77	SC/T 4067—2017	浮式金属框架网箱通用技术要求	
78	SC/T 7223.1—2017	黏孢子虫病诊断规程　第1部分:洪湖碘泡虫	
79	SC/T 7223.2—2017	黏孢子虫病诊断规程　第2部分:吴李碘泡虫	
80	SC/T 7223.3—2017	黏孢子虫病诊断规程　第3部分:武汉单极虫	
81	SC/T 7223.4—2017	黏孢子虫病诊断规程　第1部分:几陶单极虫	
82	SC/T 7224—2017	鲤春病毒血症病毒逆转录环介导等温扩增（RT‑LAMP）检测方法	
83	SC/T 7225—2017	草鱼呼肠孤病毒逆转录环介导等温扩增（RT‑LAMP）检测方法	
84	SC/T 7226—2017	鲑甲病毒感染诊断规程	
85	SC/T 8141—2017	木质渔船捻缝技术要求及检验方法	
86	SC/T 8146—2017	渔船集鱼灯镇流器安全技术要求	
87	SC/T 5062—2017	金龙鱼	

中华人民共和国农业部公告
第 2545 号

《海洋牧场分类》标准业经专家审定通过,现批准发布为中华人民共和国水产行业标准,标准号
SC/T 9111—2017,自 2017 年 9 月 1 日起实施。

特此公告。

农业部

2017 年 6 月 22 日

中华人民共和国农业部公告

第 2589 号

　　《植物油料含油量测定　近红外光谱法》等 20 项标准业经专家审定通过,现批准发布为中华人民共和国农业行业标准,自 2018 年 1 月 1 日起实施。
　　特此公告。

　　附件:《植物油料含油量测定　近红外光谱法》等 20 项农业行业标准目录

农业部

2017 年 9 月 30 日

附件：

《植物油料含油量测定　近红外光谱法》等20项农业行业标准目录

序号	标准号	标准名称	代替标准号
1	NY/T 3105—2017	植物油料含油量测定　近红外光谱法	
2	NY/T 3106—2017	花生黄曲霉毒素检测抽样技术规程	
3	NY/T 3107—2017	玉米中黄曲霉素预防和减控技术规程	
4	NY/T 3108—2017	小麦中玉米赤霉烯酮类毒素预防和减控技术规程	
5	NY/T 3109—2017	植物油脂中辣椒素的测定　免疫分析法	
6	NY/T 3110—2017	植物油料中全谱脂肪酸的测定　气相色谱-质谱法	
7	NY/T 3111—2017	植物油中甾醇含量的测定　气相色谱-质谱法	
8	NY/T 3112—2017	植物油中异黄酮的测定　液相色谱-串联质谱法	
9	NY/T 3113—2017	植物油中香草酸等6种多酚的测定　液相色谱-串联质谱法	
10	NY/T 3114.1—2017	大豆抗病虫性鉴定技术规范　第1部分:大豆抗花叶病毒病鉴定技术规范	
11	NY/T 3114.2—2017	大豆抗病虫性鉴定技术规范　第2部分:大豆抗灰斑病鉴定技术规范	
12	NY/T 3114.3—2017	大豆抗病虫性鉴定技术规范　第3部分:大豆抗霜霉病鉴定技术规范	
13	NY/T 3107.4—2017	大豆抗病虫性鉴定技术规范　第4部分:大豆抗细菌性斑点病鉴定技术规范	
14	NY/T 3114.5—2017	大豆抗病虫性鉴定技术规范　第5部分:大豆抗大豆蚜鉴定技术规范	
15	NY/T 3114.6—2017	大豆抗病虫性鉴定技术规范　第6部分:大豆抗食心虫鉴定技术规范	
16	NY/T 3115—2017	富硒大蒜	
17	NY/T 3116—2017	富硒马铃薯	
18	NY/T 3117—2017	杏鲍菇工厂化生产技术规程	
19	SC/T 1135.1—2017	稻渔综合种养技术规范　第1部分:通则	
20	SC/T 8151—2017	渔业船舶建造开工技术条件及要求	

中华人民共和国农业部公告
第 2622 号

　　《农业机械出厂合格证　拖拉机和联合收割（获）机》等 87 项标准业经专家审定通过，现批准发布为中华人民共和国农业行业标准，自 2018 年 6 月 1 日起实施。

　　特此公告。

　　附件:《农业机械出厂合格证　拖拉机和联合收割（获）机》等 87 项农业行业标准目录

农业部

2017 年 12 月 22 日

附件：

《农业机械出厂合格证 拖拉机和联合收割（获）机》等87项农业行业标准目录

序号	标准号	标准名称	代替标准号
1	NY/T 3118—2017	农业机械出厂合格证 拖拉机和联合收割（获）机	
2	NY/T 3119—2017	畜禽粪便固液分离机 质量评价技术规范	
3	NY/T 365—2017	窝眼滚筒式种子分选机 质量评价技术规范	NY/T 365—1999
4	NY/T 369—2017	种子初清机 质量评价技术规范	NY/T 369—1999
5	NY/T 371—2017	种子用计量包装机 质量评价技术规范	NY/T 371—1999
6	NY/T 645—2017	玉米收获机 质量评价技术规范	NY/T 645—2002
7	NY/T 649—2017	养鸡机械设备安装技术要求	NY/T 649—2002
8	NY/T 3120—2017	插秧机 安全操作规程	
9	NY/T 3121—2017	青贮饲料包膜机 质量评价技术规范	
10	NY/T 3122—2017	水生物检疫检验员	
11	NY/T 3123—2017	饲料加工工	
12	NY/T 3124—2017	兽用原料药制造工	
13	NY/T 3125—2017	农村环境保护工	
14	NY/T 3126—2017	休闲农业服务员	
15	NY/T 3127—2017	农作物植保员	
16	NY/T 3128—2017	农村土地承包仲裁员	
17	NY/T 3129—2017	棉隆土壤消毒技术规程	
18	NY/T 3130—2017	生乳中 L-羟脯氨酸的测定	
19	NY/T 3131—2017	豆科牧草种子生产技术规程红豆草	
20	NY/T 3132—2017	绍兴鸭	
21	NY/T 3133—2017	饲用灌木微贮技术规程	
22	NY/T 3134—2017	萨福克羊种羊	
23	NY/T 3135—2017	饲料原料 干啤酒糟	
24	NY/T 3136—2017	饲用调味剂中香兰素、乙基香兰素、肉桂醛、桃醛、乙酸异戊酯、γ-壬内酯、肉桂酸甲酯、大茴香脑的测定 气相色谱法	
25	NY/T 3137—2017	饲料中香芹酚和百里香酚的测定 气相色谱法	
26	NY/T 3138—2017	饲料中艾司唑仑的测定 高效液相色谱法	
27	NY/T 3139—2017	饲料中左旋咪唑的测定 高效液相色谱法	
28	NY/T 3140—2017	饲料中苯乙醇胺 A 的测定 高效液相色谱法	
29	NY/T 3141—2017	饲料中 2,6-二甲基-3,5-二乙酯基-1,4-二氢吡啶的测定 液相色谱-串联质谱法	
30	NY/T 915—2017	饲料原料 水解羽毛粉	NY/T 915—2004
31	NY/T 3142—2017	饲料中溴吡斯的明的测定 液相色谱-串联质谱法	
32	NY/T 3143—2017	鱼粉中脲醛聚合物快速检测方法	
33	NY/T 3144—2017	饲料原料 血液制品中18种 β-受体激动剂的测定 液相色谱-串联质谱法	
34	NY/T 3145—2017	饲料中 22 种 β-受体激动剂的测定 液相色谱-串联质谱法	

（续）

序号	标准号	标准名称	代替标准号
35	NY/T 3146—2017	动物尿液中22种β-受体激动剂的测定　液相色谱-串联质谱法	
36	NY/T 3147—2017	饲料中肾上腺素和异丙肾上腺素的测定　液相色谱-串联质谱法	
37	NY/T 3148—2017	农药室外模拟水生态系统（中宇宙）试验准则	
38	NY/T 3149—2017	化学农药　旱田田间消散试验准则	
39	NY/T 2882.8—2017	农药登记　环境风险评估指南　第8部分：土壤生物	
40	NY/T 3150—2017	农药登记　环境降解动力学评估及计算指南	
41	NY/T 3151—2017	农药登记　土壤和水中化学农药分析方法建立和验证指南	
42	NY/T 3152.1—2017	微生物农药　环境风险评价试验准则　第1部分：鸟类毒性试验	
43	NY/T 3152.2—2017	微生物农药　环境风险评价试验准则　第2部分：蜜蜂毒性试验	
44	NY/T 3152.3—2017	微生物农药　环境风险评价试验准则　第3部分：家蚕毒性试验	
45	NY/T 3152.4—2017	微生物农药　环境风险评价试验准则　第4部分：鱼类毒性试验	
46	NY/T 3152.5—2017	微生物农药　环境风险评价试验准则　第5部分：溞类毒性试验	
47	NY/T 3152.6—2017	微生物农药　环境风险评价试验准则　第6部分：藻类生长影响试验	
48	NY/T 3153—2017	农药施用人员健康风险评估指南	
49	NY/T 3154.1—2017	卫生杀虫剂健康风险评估指南　第1部分：蚊香类产品	NY/T 2875—2015
50	NY/T 3154.2—2017	卫生杀虫剂健康风险评估指南　第2部分：气雾剂	
51	NY/T 3154.3—2017	卫生杀虫剂健康风险评估指南　第3部分：驱避剂	
52	NY/T 3155—2017	蜜柑大实蝇监测规范	
53	NY/T 3156—2017	玉米茎腐病防治技术规程	
54	NY/T 3157—2017	水稻细菌性条斑病监测规范	
55	NY/T 3158—2017	二点委夜蛾测报技术规范	
56	NY/T 1611—2017	玉米螟测报技术规范	NY/T 1611—2008
57	NY/T 3159—2017	水稻白背飞虱抗药性监测技术规程	
58	NY/T 3160—2017	黄淮海地区麦后花生免耕覆秸精播技术规程	
59	NY/T 3161—2017	有机肥料中砷、镉、铬、铅、汞、铜、锰、镍、锌、锶、钴的测定　微波消解-电感耦合等离子体质谱法	
60	NY/T 3162—2017	肥料中黄腐酸的测定　容量滴定法	
61	NY/T 3163—2017	稻米中可溶性葡萄糖、果糖、蔗糖、棉籽糖和麦芽糖的测定　离子色谱法	
62	NY/T 3164—2017	黑米花色苷的测定　高效液相色谱法	
63	NY/T 3165—2017	红（黄）麻水溶物、果胶、半纤维素和粗纤维的测定　滤袋法	

（续）

序号	标准号	标准名称	代替标准号
64	NY/T 3166—2017	家蚕质型多角体病毒检测　实时荧光定量 PCR 法	
65	NY/T 3167—2017	有机肥中磺胺类药物含量的测定　液相色谱-串联质谱法	
66	NY/T 3168—2017	茶叶良好农业规范	
67	NY/T 3169—2017	杏病虫害防治技术规程	
68	NY/T 3170—2017	香菇中香菇素含量的测定　气相色谱-质谱联用法	
69	NY/T 1189—2017	柑橘储藏	NY/T 1189—2006
70	NY/T 1747—2017	甜菜栽培技术规程	NY/T 1747—2009
71	NY/T 3171—2017	甜菜包衣种子	
72	NY/T 3172—2017	甘蔗种苗脱毒技术规范	
73	NY/T 3173—2017	茶叶中 9,10-蒽醌含量测定　气相色谱-串联质谱法	
74	NY/T 3174—2017	水溶肥料　海藻酸含量的测定	
75	NY/T 3175—2017	水溶肥料　壳聚糖含量的测定	
76	NY/T 3176—2017	稻米镉控制　田间生产技术规范	
77	NY/T 1109—2017	微生物肥料生物安全通用技术准则	NY 1109—2006
78	SC/T 3301—2017	速食海带	SC/T 3301—1989
79	SC/T 3212—2017	盐渍海带	SC/T 3212—2000
80	SC/T 3114—2017	冻鳌虾	SC/T 3114—2002
81	SC/T 3050—2017	干海参加工技术规范	
82	SC/T 5106—2017	观赏鱼养殖场条件　小型热带鱼	
83	SC/T 5107—2017	观赏鱼养殖场条件　大型热带淡水鱼	
84	SC/T 5706—2017	金鱼分级　珍珠鳞类	
85	SC/T 5707—2017	锦鲤分级　白底三色类	
86	SC/T 5708—2017	锦鲤分级　墨底三色类	
87	SC/T 7227—2017	传染性造血器官坏死病毒逆转录环介导等温扩增（RT-LAMP）检测方法	

中华人民共和国农业部公告
第 2630 号

　　根据《中华人民共和国农业转基因生物安全管理条例》规定,《农业转基因生物安全管理术语》等 16 项标准业经专家审定通过,现批准发布为中华人民共和国国家标准,自 2018 年 6 月 1 日起实施。
　　特此公告。

　　附件:《农业转基因生物安全管理术语》等 16 项国家标准目录

农业部

2017 年 12 月 25 日

附件：

《农业转基因生物安全管理术语》等 16 项国家标准目录

序号	标准号	标准名称	代替标准号
1	农业部 2630 号公告—1—2017	农业转基因生物安全管理术语	
2	农业部 2630 号公告—2—2017	转基因植物及其产品成分检测　耐除草剂油菜 73496 及其衍生品种定性 PCR 方法	
3	农业部 2630 号公告—3—2017	转基因植物及其产品成分检测　抗虫水稻 T1c-19 及其衍生品种定性 PCR 方法	
4	农业部 2630 号公告—4—2017	转基因植物及其产品成分检测　抗虫玉米 5307 及其衍生品种定性 PCR 方法	
5	农业部 2630 号公告—5—2017	转基因植物及其产品成分检测　耐除草剂大豆 DAS-68416-4 及其衍生品种定性 PCR 方法	
6	农业部 2630 号公告—6—2017	转基因植物及其产品成分检测　耐除草剂玉米 MON87427 及其衍生品种定性 PCR 方法	
7	农业部 2630 号公告—7—2017	转基因植物及其产品成分检测　抗虫耐除草剂玉米 4114 及其衍生品种定性 PCR 方法	
8	农业部 2630 号公告—8—2017	转基因植物及其产品成分检测　抗虫棉花 COT102 及其衍生品种定性 PCR 方法	
9	农业部 2630 号公告—9—2017	转基因植物及其产品成分检测　抗虫耐除草剂玉米 C0030.3.5 及其衍生品种定性 PCR 方法	
10	农业部 2630 号公告—10—2017	转基因植物及其产品成分检测　耐除草剂玉米 C0010.3.7 及其衍生品种定性 PCR 方法	
11	农业部 2630 号公告—11—2017	转基因植物及其产品成分检测　耐除草剂玉米 VCO-1981-5 及其衍生品种定性 PCR 方法	
12	农业部 2630 号公告—12—2017	转基因植物及其产品成分检测　外源蛋白质检测试纸评价方法	
13	农业部 2630 号公告—13—2017	转基因植物及其产品成分检测　质粒 DNA 标准物质定值技术规范	
14	农业部 2630 号公告—14—2017	转基因动物及其产品成分检测　人溶菌酶基因（hLYZ）定性 PCR 方法	
15	农业部 2630 号公告—15—2017	转基因植物及其产品成分检测　耐除草剂大豆 SHZD32-1 及其衍生品种定性 PCR 方法	
16	农业部 2630 号公告—16—2017	转基因生物及其产品食用安全检测　外源蛋白质与毒性蛋白质和抗营养因子的氨基酸序列相似性生物信息学分析方法	

图书在版编目（CIP）数据

中国农业行业标准汇编 . 2019. 水产分册 / 农业标
准出版分社编 . —北京：中国农业出版社，2019.1
（中国农业标准经典收藏系列）
ISBN 978 - 7 - 109 - 24891 - 5

Ⅰ . ①中… Ⅱ . ①农… Ⅲ . ①农业－行业标准－汇编
－中国②水产养殖－行业标准－汇编－中国 Ⅳ.
①S‑65

中国版本图书馆 CIP 数据核字（2018）第 256808 号

中国农业出版社出版
（北京市朝阳区麦子店街 18 号楼）
（邮政编码 100125）
责任编辑　刘　伟　杨晓改

北京印刷一厂印刷　新华书店北京发行所发行
2019 年 1 月第 1 版　2019 年 1 月北京第 1 次印刷

开本：880mm×1230mm 1/16　印张：18.75
字数：620 千字
定价：180.00 元

（凡本版图书出现印刷、装订错误，请向出版社发行部调换）